# Photoshop
## 学习掌中宝教程

王红蕾 常京丽 曹天佑 编著

电子工业出版社·
Publishing House of Electronics Industry
北京·BEIJING

# 内 容 简 介

本书是一本以实践为主理论为辅的 Photoshop 学习教程,内容丰富,集作者多年的设计经验,全面介绍了 Photoshop 的各项功能,全书分为两个部分 14 章,依次介绍了学习 Photoshop 之前需要了解的知识、图像调整基础、数码照片的修饰与美化、在图像中进行添加与删除、在图像中进行选取、照片的颜色修正、图层的基本操作、文字的应用与特效、图层的高级应用、快速蒙版与通道、自动化与网络、最新版本特色功能。

本书不但突破版本限制、讲解清晰、注解明了,还附带了全部作品的多媒体教学视频,使读者可以像看电影一样,轻松记住每个知识点和难点。总之本书的最大特点就是实用。

本书针对 Photoshop 的初、中级读者,让初学者跟随本书的讲解从基础学起,也可以让中级水平的读者学习较为深入的知识以及相关设计知识,对初、中级用户而言是一本非常适合的入门与提高教材。

**图书在版编目(CIP)数据**

Photoshop 学习掌中宝教程 / 王红蕾,常京丽,曹天佑编著. —北京:电子工业出版社,2012.3
（掌中宝系列）
ISBN 978-7-121-15448-5

Ⅰ. ①P… Ⅱ. ①王… ②常… ③曹… Ⅲ. ①图象处理软件,Photoshop－教材 Ⅳ. ①TP391.41

中国版本图书馆 CIP 数据核字(2011)第 255174 号

责任编辑:徐津平
印　　刷:北京天宇星印刷厂
装　　订:三河市鹏成印业有限公司
出版发行:电子工业出版社
　　　　　北京市海淀区万寿路 173 信箱　邮编 100036
开　　本:900×1280　1/32　印张:14.25　字数:342 千字
印　　次:2012 年 3 月第 1 次印刷
印　　数:4000 册　定价:59.80 元（含 DVD 光盘 1 张）

# 前言

首先十分感谢您翻开这本书，只要您读下去就会给您一个不错的感觉。相信我们会把您带到 Photoshop 的奇妙世界。或许您曾经为寻找一本技术全面、案例丰富的图像处理图书而苦恼，或许您因为担心自己是否能做出书中的案例效果而犹豫，或许您为了自己是不是应该买一本入门教材而仔细挑选，或许您正在为自己进步太慢而缺少信心 ......

现在，就向您推荐一本优秀的学习用书——《Photoshop 学习掌中宝教程》，本书采用实践与理论教程相结合的形式编写，兼具实战技巧和应用理论参考手册的特点，随书附带的 1 张 DVD 多媒体教学光盘中包含书中所有案例的视频教程和附赠的综合实战案例视频教程。希望通过本书能够帮助您解决学习中的难题，提高技术水平，快速成为 Photoshop 高手中的一员。

## 本书特点

本书内容由浅入深，每章的内容都丰富多彩，力争涵盖 Photoshop 中全部的知识点。运用大量的实例，贯穿整个讲解过程。

本书具有以下特点：

- ◉ 内容全面，几乎涵盖了 Photoshop 中的所有知识点。本书由具有丰富教学经验的设计师编写，从平面设计的一般流程入手，逐步引导读者学习使用软件和设计作品的各种技能。

- ◉ 语言通俗易懂，讲解清晰，标注明了，前后呼应，以最小的篇幅、最易读懂的语言来讲解每一项功能和每一个实例，让您学习起来更加轻松，阅读更加容易。

- ◉ 实例中结合理论知识，技巧全面实用，技术含量高，与实践应用紧密结合。

- ◉ 本书突破版本限制，注重技巧的归纳和总结，对于新版本中加入的元素进行了单独的讲解和说明，使读者更容易理解和掌握，从而方便知识点的记忆，进而能够举一反三。

◉ 全多媒体视频教学，学习轻松方便，使读者像看电影一样记住其中的知识点。本书配有 1 张海量信息的 DVD 光盘，包含全书所有案例的多媒体视频教程、案例最终源文件和素材文件以及设计中能够用到的画笔、形状等。

### 本书章节安排

本书分为两个部分对 Photoshop 进行了精确地讲解。第一部分最快学会 Photoshop 依次讲解了学习 Photoshop 之前需要了解的知识、图像调整基础、数码照片的修饰与美化、在图像中进行添加与删除、在图像中进行选取、照片的颜色修正、图层的基本操作、文字的应用与特效、图层的高级应用、快速蒙版与通道、自动化与网络等。第二部分 Photoshop 版本特色功能着重讲解了最新版本特色功能。

本书的作者有着多年的丰富教学经验与实际工作经验，在编写本书时最希望能够将自己实际授课和作品设计制作过程中积累下来的宝贵经验与技巧展现给读者。希望读者能够在体会 Photoshop 软件强大功能的同时，把设计思想和创意通过软件反映到平面设计制作的视觉效果上来。

### 本书读者对象

本书主要面向初、中级读者。对于每个软件的讲解都从必备的基础操作开始，以前没有接触过 Photoshop 的读者无需参照其他书籍即可轻松入门，接触过 Photoshop 的读者同样可以从中快速了解 Photoshop 中的各种功能和知识点，自如地踏上新的台阶。

本书主要由王红蕾、常京丽和曹天佑编写，参与编写的还有陆沁、孙倩、时延辉、刘绍捷、赵颃、刘冬美、尚彤、王梓力、刘爱华、周莉、陆鑫、刘智梅、齐新、蒋立军、戴时影、王君赫、张杰、张猛、周荣、吕亚鹏、商红斐、蒋岚、蒋玉、苏丽蓉、谭明宇、李岩、吴承国、孟琦、曹培军等老师。由于作者知识水平有限，书中难免有错误和疏漏之处，恳请广大读者批评、指正。

编著者

# 目录

Photoshop学习掌中宝教程

# 第1部分

## 最快学会Photoshop

# 第1章

# 学习Photoshop之前需要了解的知识

本章重点：

⊙ 了解图像构成的基本知识

⊙ 了解 Photoshop 中的颜色模式

⊙ 了解 Photoshop 的工作环境

本章主要为大家介绍学习 Photoshop 所要了解的一些具体知识，主要了解图像类型、图片格式、工作环境以及 Photoshop 处理图像的基本流程等。

**1.1**

# 了解 Photoshop 中对于图像构成的基本概念知识

在当今设计界作为图像构成的类型可以归类为位图和矢量图，两种类型各有自己的优点和用途。

## 1.1.1 了解位图

位图图像也叫做点阵图，是由许多不同色彩的像素组成的。与矢量图形相比，位图图像可以更逼真的表现自然界的景物。此外，位图图像与分辨率有关，当放大位图图像时，位图中的像素增加，图像的线条将会显得参差不齐，这是像素被重新分配到网格中的缘故。此时可以看到构成位图图像的无数个单色块，因此放大位图或在比图像本身的分辨率低的输出设备上显示位图时，则将丢失其中的细节，并会呈现出锯齿。如图 1-1 所示的图像为原图、如图 1-2 所示的图像为放大 8 倍后的效果。

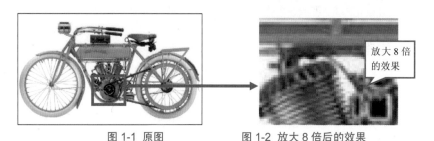

放大 8 倍的效果

图 1-1 原图　　　　图 1-2 放大 8 倍后的效果

## 1.1.2 了解矢量图

矢量图像是使用数学方式描述的曲线与由曲线围成的色块组成的面

向对象的绘图图像。矢量图像中的图形元素叫做对象，每个对象都是独立的，具有各自的属性，如颜色、形状、轮廓、大小和位置等。由于矢量图形与分辨率无关，因此无论如何改变图形的大小，都不会影响图形的清晰度和平滑度，如图 1-3 所示的图像分别为原图放大 3 倍和放大 24 倍后的效果。

图 1-3 矢量图放大

**注意** 矢量图进行任意缩放都不会影响分辨率，矢量图形的缺点是不能表现色彩丰富的自然景观与色调丰富的图像。

**温馨提示** 如果希望位图图像放大后边缘保持光滑，就必须增加图像中的像素数目，此时图像占用的磁盘空间就会加大。在 Photoshop 中，除了路径外，我们遇到的图形均属于位图一类的图像。

### 1.1.3 保留图像原有细节

或许有人以为编修图像可以修复所有的图像问题，实际上并非如此。我们必须先有个观念，即图像修复的程度取决于原图所记录的细节：细节愈多，编修的效果愈好；反之细节愈少，或是根本没有将被摄物的细节记录下来，那么再厉害的图像软件也很难无中生有变出你要的图像。因此，若希望编修出好相片，记住，原图的质量不能太差。

### 1.1.4 什么是图像分辨率

图像分辨率的单位是 ppi（pixels per inch），即每英寸所包含的像素点。例如图像的分辨率是 150ppi 时，就是每英寸包含 150 个像素点。图像的分辨率越高，每英寸包含的像素点就越多，图像就有更多的细节，颜色过渡也就越平滑。同样，图像的分辨率越高，则图像的信息量就越大，文件也就越大。如图 1-4 所示的图像为两幅相同的图像，其分辨率分别为 72 ppi 和 300 ppi，套印缩放比率为 200%。

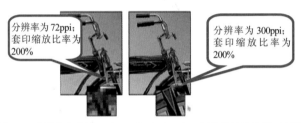

图 1-4 分辨率分别为 72 ppi 和 300 ppi；套印缩放比率为 200%

常用的分辨率单位 dpi（dots per inch)，即每英寸所包含的点，是输出分辨率单位，针对输出设备而言。一般喷墨彩色打印机的输出分辨率为 180～720dpi，激光打印机的输出分辨率为 300～60dpi。通常扫描仪获取原图像时，设定扫描分辨率为 300dpi，就可以满足高分辨率输出的需要。要给数字图像增加更多原始信息的唯一方法就是设定大分辨率重新扫描原图像。

打印分辨率是衡量打印机打印质量的重要指标。它决定了打印机打印图像时所能表现的精细程度，它的高低对输出质量有重要的影响，因此在一定程度上来说，打印分辨率也就决定了该打印机的输出质量。分辨率越高，其反映出来可显示的像素个数也就越多，可呈现出更多的信息和更好更清晰的图像。

> **注意** 在 Photoshop 中，图像像素被直接转换为显示器的像素。这样，如果图像分辨率比显示器图形分辨率高，那么图像在屏幕上显示的尺寸要比它实际打印尺寸要大。

**技巧** 计算机在处理分辨率较高的图像时速度会变慢，另外图像在存储或者网上传输时，会消耗大量的磁盘空间和传输时间，所以在设置图像时最好根据图像的用途改变图像分辨率，在更改分辨率时要考虑图像显示效果和传输速度。

## 1.1.5 图像大小

使用"图像大小"命令可以调整图像的像素大小、文档大小和分辨率。在菜单中执行"图像 > 图像大小"命令，系统会弹出如图 1-5 所示的"图像大小"对话框，在该对话框中只要在"像素大小"或"文档大小"中键入相应的数字就可以重新设置改变当前图像的大小。

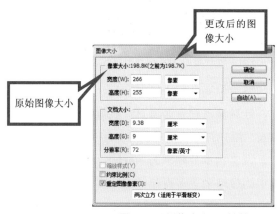

图 1-5 "图像大小"对话框

其中的各项含义如下。

⊙ 像素大小：用来设置图像像素的大小，在对话框中可以重新定义图像像素的"宽度"和"高度"，单位包括像素和百分比。更改像素尺寸不仅会影响屏幕上显示图像的大小，还会影响图像品质、打印尺寸和分辨率。

⊙ 文档大小：用来设置图像的打印尺寸和分辨率。

⊙ 缩放样式：在调整图像大小的同时可以按照比例缩放图层中存在的图层样式。

- ⊙ 约束比例：对图像的长宽可以进行等比例调整。
- ⊙ 重定图像像素：在调整图像大小的过程中，系统会将原图的像素颜色按一定的内插方式重新分配给新像素。在下拉菜单中可以选择进行内插的方法，包括：邻近、两次线性、两次立方、两次立方较平滑和两次立方较锐利。
  - 邻近：不精确的内插方式，以直接舍弃或复制邻近像素的方法来增加或减少像素，此运算方式最快，会产生锯齿效果。
  - 两次线性：取上下左右 4 个像素的平均值来增加或减少像素，品质介于邻近和两次立方之间。
  - 两次立方：取周围 8 个像素的加权平均值来增加或减少像素，由于参与运算的像素较多，运算速度较慢，但是色彩的连续性最好。
  - 两次立方较平滑：运算方法与两次立方相同，但是色彩连续性会增强，适合增加像素时使用。
  - 两次立方较锐利：运算方法与两次立方相同，但是色彩连续性会降低，适合减少像素时使用。

**注意** 在调整图像大小时，位图图像与矢量图像会产生不同的结果：位图图像与分辨率有关，因此，在更改位图图像的像素尺寸时可能导致图像品质和锐化程度的损失；相反，矢量图像与分辨率无关，可以随意调整其大小而不会影响边缘的平滑度。

**技巧** 在"图像大小"对话框中，更改"像素大小"时，"文档大小"会跟随改变，"分辨率"不发生变化；更改"文档大小"时，"像素大小"会跟随改变，"分辨率"不发生变化；更改"分辨率"时，"像素大小"会跟随改变，"文档大小"不发生变化。

**技巧** 像素大小、文档大小和分辨率三者之间的关系可用如下的公式来表示：

$$像素大小 / 分辨率＝文档大小$$

### 1.1.6 画布大小

在实际操作中画布指的是实际打印的工作区域，改变画布大小直接会影响最终的输出与打印。

使用"画布大小"命令可以按指定的方向增大围绕现有图像的工作空间或通过减小画布尺寸来裁剪掉图像边缘，还可以设置增大边缘的颜色。默认情况下添加的画布颜色由背景色决定。在菜单中执行"图像>画布大小"命令，系统会弹出如图1-6所示的"画布大小"对话框。在该对话框中即可完成对画布大小的改变。

图1-6 "画布大小"对话框

其中的各项含义如下。

◉ 当前大小：指的是当前打开图像的实际大小。

◉ 新建大小：用来对画布进行重新定义大小的区域。

• 宽度与高度：用来扩展或缩小当前文件尺寸。

• 相对：勾选该复选框，输入的"宽度"和"高度"的数值将不再代表图像的大小，而表示图像被增加或减少的区域大小。输入的数值为正值，表示要增加区域的大小；输入的数值为负值，表示要裁剪区域的大小。如图1-7和图1-8所示的图像即为不勾选"相对"复选框与勾选"相对"复选框时的对比图。

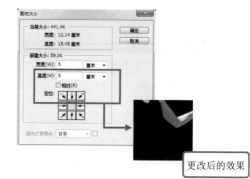

原图

更改后的效果

图 1-7 不勾选"相对"复选框时更改画布大小

原图

更改后的效果

图 1-8 勾选"相对"复选框时更改画布大小

**技巧** 在"画布大小"对话框中，勾选"相对"复选框后，设置"宽度与高度"为正值时，图像会在周围显示扩展的像素；为负值时图像会被缩小。

- 定位：用来设定当前图像增加或减少图像的位置。如图 1-9 和图 1-10 所示。

图 1-9 左定位

图 1-10 下定位

● 画布扩展颜色：用来设置当前图像增大空间的颜色，可以在下拉列表框中选择系统预设颜色，也可以通过单击后面的颜色图标❶打开"选择画布扩展颜色"对话框，在对话框中选择自己喜欢的颜色❷，如图 1-11 所示。

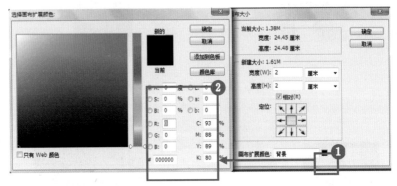

图 1-11 设置扩展颜色

# 图像颜色模式

本节主要讲解处于不同颜色模式时的图像效果，以及在相应颜色模式下的图像应用。Photoshop 中的色彩模式有 8 种，分别为位图模式、灰度模式、双色调模式、索引颜色模式、RGB 颜色模式、CMYK 颜色模式、Lab 颜色模式和多通道模式。

## 1.2.1 RGB 颜色模式

Photoshop RGB 颜色模式使用 RGB 模型，并为每个像素分配一个强度值。在 8 位 / 通道的图像中，彩色图像中的每个 RGB（红色、绿色、蓝色）分量的强度值为 0（黑色）到 255（白色）。例如，亮红色的 R 值可能为 246，G 值为 20，而 B 值为 50。当所有这 3 个分量的值相等时，结果是中性灰度级。当所有分量的值均为 255 时，结果是纯白色；当这些值都为 0 时，结果是纯黑色。RGB 颜色模式是 Photoshop 中最常用的一种模式。

当彩色图像中的 RGB（红色、绿色、蓝色）三种颜色中的两种颜色叠加到一起后会自动显示出其他的颜色，三种颜色叠加后会产生纯白色，如图 1-12 所示的色谱。、

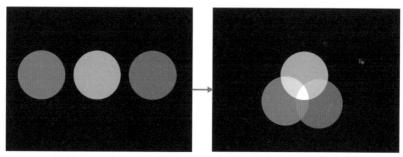

图 1-12 RGB 色谱

## 1.2.2 CMYK 颜色模式

在 CMYK 颜色模式下，可以为每个像素的每种印刷油墨指定一个百分比值。为最亮（高光）颜色指定的印刷油墨颜色百分比较低；而为较暗（阴影）颜色指定的百分比较高。例如，亮红色可能包含 2% 青色、93% 洋红、90% 黄色和 0% 黑色。在 CMYK 图像中，当四种分量的值均为 0% 时，就会产生纯白色。

在制作要用印刷色打印的图像时，应使用 CMYK 模式。将 RGB 图像转换为 CMYK 即产生分色。如果您从 RGB 图像开始，则最好先在 RGB 模式下编辑，然后在处理结束时转换为 CMYK 模式。在 RGB 模式下，可以使用"校样设置"命令模拟 CMYK 转换后的效果，而无须真的更改图像数据。您也可以使用 CMYK 模式直接处理从高端系统扫描或导入的

CMYK 图像。

在图像中绘制三个分别为 CMYK 黄、CMYK 青和 CMYK 洋红的圆形，将两种颜色叠加到一起时会产生另外一种颜色，三种颜色叠加在一起就会显示出黑色，但是此时的黑色不是正黑色，所以在印刷时还要添加一个黑色作为配色，如图 1-13 所示的色谱。

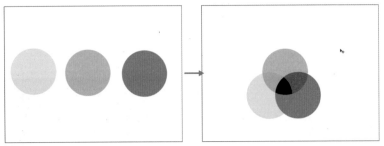

图 1-13 CMYK 色谱

> **技巧** 尽管 CMYK 是标准颜色模型，但是其准确的颜色范围随印刷和打印条件而变化。Photoshop 中的 CMYK 颜色模式会根据你在"颜色设置"对话框中指定的工作空间的设置而不同。

### 1.2.3 Lab 颜色模式

CIE L*a*b* 颜色模式（Lab）基于人对颜色的感觉。Lab 中的数值描述正常视力的人能够看到的所有颜色。因为 Lab 描述的是颜色的显示方式，而不是设备（如显示器、桌面打印机或数码相机）生成颜色所需的特定色料的数量，所以 Lab 被视为与设备无关的颜色模式。色彩管理系统使用 Lab 作为色标，以将颜色从一个色彩空间转换到另一个色彩空间。

Lab 颜色模式的亮度分量（L）范围是从 0 ～ 100。在 Adobe 拾色器和"颜色"面板中，a 分量（绿色－红色轴）和 b 分量（蓝色－黄色轴）的范围是 +127 ～ −128。

**温馨提示** Lab 图像可以存储为 Photoshop、Photoshop EPS、大型文档格式（PSB）、Photoshop PDF、Photoshop Raw、TIFF、Photoshop DCS 1.0 或 Photoshop DCS 2.0 格式。48 位（16 位/通道）Lab 图像可以存储为 Photoshop、大型文档格式（PSB）、Photoshop PDF、Photoshop Raw 或 TIFF 格式。

**注意** 在打开文件时，DCS 1.0 和 DCS 2.0 格式将文件转换为 CMYK。

### 1.2.4 多通道

多通道模式图像在每个通道中包含 256 个灰阶，对于特殊打印很有用。多通道模式图像可以存储为 Photoshop、大文档格式（PSB）、Photoshop 2.0、Photoshop Raw 或 Photoshop DCS 2.0 格式。

当将图像转换为多通道模式时，可以使用下列原则：

- 颜色：原始图像中的颜色通道在转换后的图像中变为专色通道。
- 通过将 CMYK 图像转换为多通道模式，可以创建青色、洋红、黄色和黑色专色通道。
- 通过将 RGB 图像转换为多通道模式，可以创建青色、洋红和黄色专色通道。
- 通过从 RGB、CMYK 或 Lab 图像中删除一个通道，可以自动将图像转换为多通道模式。
- 若要输出多通道图像，请以 Photoshop DCS 2.0 格式存储图像。

### 1.2.5 索引颜色

索引颜色模式可生成最多 256 种颜色的 8 位图像文件。当转换为索引颜色时，Photoshop 将构建一个颜色查找表（CLUT），用以存放并索引图像中的颜色。如果原图像中的某种颜色没有出现在该表中，则程序将选取最接近的一种，或使用仿色以现有颜色来模拟该颜色。

尽管其调色板很有限，但索引颜色能够在保持多媒体演示文稿、Web 页等所需的视觉品质的同时，减小文件。在这种模式下只能进行有限的编辑。要进一步进行编辑，应临时转换为 RGB 模式。索引颜色文件可以存储为 Photoshop、BMP、DICOM、GIF、Photoshop EPS、大型文档格式（PSB）、PCX、Photoshop PDF、Photoshop Raw、Photoshop 2.0、PICT、PNG、Targa 或 TIFF 格式。

在将一张 RGB 颜色模式的图像转换成索引颜色模式时，会弹出如图 1-14 所示的"索引颜色"对话框。

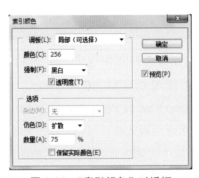

图 1-14  "索引颜色"对话框

其中的各项含义如下。

◉ 面板：用来选择转换为索引模式时用到的面板。

- 颜色：用来设置索引颜色的数量。
- 强制：在下拉列表中可以选择某种颜色并将其强制放置到颜色表中。

◉ 选项：用来控制转换索引模式的选项。

- 杂边：用来设置填充与图像的透明区域相邻的锯齿边缘的背景色。
- 仿色：用来设置仿色的类型。包括：无、扩散、图案、杂色。
- 数量：用来设置扩散的数量。
- 保留实际颜色：钩选此复选框后，转换成索引模式后的图像将保留图像的实际颜色。

灰度模式与双色调模式可以直接转换成索引模式。RGB 模式转换成索引模式时会弹出"索引颜色"对话框,设置相应参数后才能转换成索引模式。转换为索引模式后,图像会丢失一部分颜色信息,再转换为 RGB 模式后,丢失信息不会复员。

注意 索引色模式的图像是 256 色以下的图像,在增幅图像中最多只有 256 种颜色,所以索引色模式的图像只可当作特殊效果及专用,而不能用于常规的印刷中。索引色彩也称为映射色彩,索引色模式的图像只能通过间接方式创建,而不能直接获得。

## 1.2.6 灰度模式

灰度模式只存在灰度,它由 0 ~ 256 个灰阶组成。当一个彩色图像转换为灰度模式时,图像中的色相及饱和度等有关色彩信息将被消除掉,只留下亮度。亮度是唯一能影响灰度图像的因素。当灰度值为 0(最小值)时,生成的颜色是黑色;当灰度值为 255(最大值)时,生成的颜色是白色。如图 1-15 所示的图像为彩色图像、图 1-16 所示的图像为灰度模式黑白图像。

转换为灰度模式

图 1-15 原图　　　　　　图 1-16 灰度模式

### 1.2.7 位图模式

位图模式包含两种颜色，所以其图像也叫黑白图像。由于位图模式只有黑白色表示图像的像素，在进行图像模式的转换时会失去大量的细节。因此，Photoshop 提供了几种算法来模拟图像中失去的细节。在宽、高和分辨率相同的情况下，位图模式的图像尺寸最小，约为灰度模式的 1/7 和 RGB 模式的 1/22 以下。彩色图像要转换成位图模式时，首先要将彩色图像转换成灰度模式去掉图像中的色彩。在转换成位图模式时会出现如图 1-17 所示的"位图"对话框。

图 1-17 "位图"对话框

其中的各项含义如下：

⊙ 输出：用来设定转换成位图后的分辨率。

⊙ 方法：用来设定转换成位图后的 5 种减色方法。

● 50% 阈值：将大于 50% 的灰度像素全部转化为黑色，将小于 50% 的灰度像素全部转化为白色。

● 图案仿色：此方法可以使用图形来处理灰度模式。

● 扩散仿色：将大于 50% 的灰度像素转换成黑色，将小于 50% 的灰度像素转换成白色。由于转换过程中的误差，会使图像出现颗粒状的纹理。

● 半调网屏：选择此项转换位图时会弹出如图 1-18 所示的对话框。在其中可以设置频率、角度和形状。

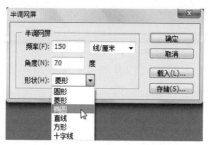

图 1-18 "半调网屏"对话框

- 自定图案：可以选择自定义的图案作为处理位图的减色效果。选择该项时，下面的"自定图案"选项会被激活，在其中选择相应的图案即可。

温馨提示　只有灰度模式的图像才可以转换成位图模式。

选择不同转换方法后会得到相应的效果图，如图 1-19 至图 1-24 所示的图像分别为灰度模式的原图与转换后的效果。

图 1-19 原图

图 1-20 50% 阈值

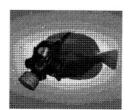

图 1-21 图案仿色

图 1-22 扩散仿色

图 1-23 半调网屏

图 1-24 自定图案

### 1.2.8 双色调

该模式通过一至四种自定油墨创建单色调、双色调（两种颜色）、三色调（三种颜色）和四色调（四种颜色）的灰度图像。在将图像转换成双色调模式时，会弹出如图1-25所示的"双色调选项"对话框。

图 1-25 "双色调选项"对话框

其中的各项含义如下。

⊙ 预设：用来存储已经设定完成的双色调样式，在下拉菜单中可以看到预设的选项。

⊙ 预设选项：用来对设置的双色调进行储存或删除，还可以载入其他双色调预设样式。

(((• 温馨提示 选取自行储存的双色调样式时，"删除当前预设"选项才会被激活。

⊙ 类型：用来选择双色调的类型。

⊙ 油墨：可根据选择的色调类型对其进行编辑，单击曲线图标❶会打开如图1-26所示的"双色调曲线"对话框。通过拖动曲线来改变油墨的百分比；单击油墨1后面的颜色图标❷会打开如图1-27所示的"选择油墨颜色"对话框。单击油墨2后面的颜色图标❸会打开如图1-28所示的"颜色库"对话框。

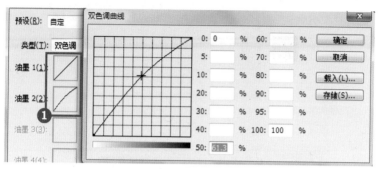

图 1-26 "双色调曲线"对话框

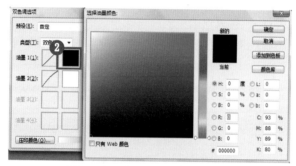

图 1-27 "选择油墨颜色"对话框

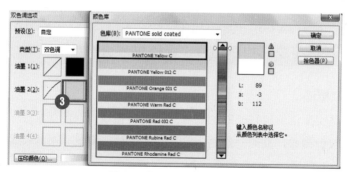

图 1-28 "颜色库"对话框

- 压印颜色:相互打印在对方之上的两种无网屏油墨,单击"压印颜色"按钮❹会弹出如图 1-29 所示的"压印颜色"对话框。在对话框中可以设置压印颜色在屏幕上的外观。

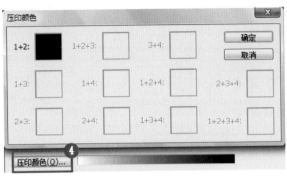

图 1-29 "压印颜色"对话框

**温馨提示** 在双色调模式的图像中，每种油墨都可以通过一条单独的曲线来指定颜色如何在阴影和高光内分布，它将原始图像中的每个灰度值映射到一个特定的油墨百分比，通过拖动曲线或直接输入相应的油墨百分比数值，可以调整每种油墨的双色调曲线。

**技巧** 在"双色调选项"对话框中，当对自己设置的双色模式不满意时，只要按住键盘上的【Alt】键，即可将对话框中的"取消"按钮变为"复位"按钮，单击即可恢复最初状态。

## 上机实战 运用双色调模式制作双色调图像

**实战概述：**

本例主要讲解将打开的"RGB 模式"转换成"双色调模式"，并对其进行双色调整，期间一定要先将打开的素材转换成"灰度模式"，之后才能将其转换成"双色调模式"。

**操作步骤：**

1. 执行菜单中的"文件 > 打开"命令或按【Ctrl+O】快捷键，打开随书附带光盘中的"素材文件 / 第 1 章 / 直升机 .jpg"素材，将其作为背景，如图 1-30 所示。

2. 此时发现打开的图像为"RGB 颜色模式",在菜单中执行"图像 > 模式 > 灰度模式"命令,系统会弹出如图 1-31 所示的"信息"对话框。

图 1-30 素材

图 1-31 "信息"对话框

3. 单击"扔掉"按钮,系统会自动将当前图片转换成灰度模式下的单色图像,如图 1-32 所示。

4. 执行菜单中的"图像 > 模式 > 双色调"命令,打开"双色调选项"对话框,设置"类型"为"双色调"❶,分别单击"油墨 1 和油墨 2"后面的颜色图标❷❸,在弹出的"拾色器"中将其设置为"红色"和"黄色",如图 1-33 所示。

图 1-32 灰度模式

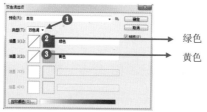

图 1-33 "双色调选项"对话框

5. 设置完毕单击"确定"按钮,即可完成图像的双色调效果。储存文件后,效果如图 1-34 所示。

图 1-34 双色调图像

# 图片存储格式

在计算机中的图像文件可以保存为多种格式，这些图像格式都有各自的用途特点。在处理图像时经常用到的文件格式主要有 PSD、JPEG、TIFF、GIF、PNG、BMP、EPS、PDF 和 PSB 格式等。

## 1.3.1 PSD 格式

由 Adobe 公司建立的位图图形文件格式，可保存多图层。PSD/PDD 是 Adobe 公司的图形设计软件 Photoshop 的专用格式，PSD 文件可以存储成 RGB 或 CMYK 模式，还能够自定义颜色数并加以存储，还可以保存 Photoshop 的层、通道、路径等信息，是目前唯一能够支持全部 Adobe 公司软件的图像格式。

## 1.3.2 JPEG 格式

JPEG 图像在打开时自动解压缩。压缩级别越高，得到的图像品质越低；压缩级别越低，得到的图像品质越高。在大多数情况下，"最佳"品质选项产生的结果与原图像几乎无分别。

JPEG 格式图像保留 RGB 图像中的所有颜色信息，但通过有选择地扔掉数据来压缩文件大小。

## 1.3.3 TIFF 格式

TIFF 格式支持具有 Alpha 通道的 CMYK、RGB、Lab、索引颜色和灰度模式图像，以及没有 Alpha 通道的位图模式图像。Photoshop 可以在

TIFF 文件中存储图层。但是，如果在另一个应用程序中打开该文件，则只有拼合图像是可见的。Photoshop 也能够以 TIFF 格式存储批注、透明度和多分辨率金字塔数据。

在 Photoshop 中，TIFF 图像文件的位深度为 8 位、16 位或 32 位 / 通道。可以将高动态范围图像存储为 32 位 / 通道的 TIFF 文件。

TIFF 文档的最大文件大小可达 4 GB。Photoshop CS 和更高版本支持以 TIFF 格式存储的大型文档。但是，大多数其它应用程序和旧版本的 Photoshop 不支持文件大小超过 2 GB 的文档。

用于印刷的图像，大多被保存为 TIFF 格式，该格式可以得到正确的分色结果。

### 1.3.4 GIF 格式

图形交换格式（GIF）是在 World Wide Web 及其他联机服务上常用的一种文件格式，用于显示超文本标记语言（HTML）文档中的索引颜色图形和图像。GIF 是一种用 LZW 压缩的格式，目的在于最小化文件大小和电子传输时间。GIF 格式保留索引颜色图像中的透明度，但不支持 Alpha 通道。

GIF 格式支持动画和透明背景，因此被广泛应用在网页文档中。但是 GIF 格式使用 8 位颜色，仅包含 256 种颜色，因此，将 24 位图像优化为 8 位的 GIF 格式时会损失掉部分颜色信息。

### 1.3.5 PNG 格式

便携网络图形格式（PNG）是作为 GIF 的无专利替代品开发的，用于无损压缩和在 Web 上显示图像。与 GIF 不同，PNG 格式支持 24 位图像并产生无锯齿状边缘的背景透明度。但是，某些 Web 浏览器不支持 PNG 图像。PNG 格式支持无 Alpha 通道的 RGB、索引颜色、灰度和位图模式的图像。PNG 保留灰度和 RGB 图像中的透明度。

温馨提示 用于网络的图像被压缩的越小，在网页中打开的速度就越快，但是被压缩后图像都会丢失自身的一些颜色信息。

### 1.3.6 BMP 格式

BMP 是 DOS 和 Windows 兼容计算机上的标准 Windows 图像格式。BMP 格式支持 RGB、索引颜色、灰度和位图颜色模式，但不能够保存 Alpha 通道。由于 BMP 格式的 RLE 压缩不是一种强有力的压缩方法，因此 BMP 格式的图像都较大。

### 1.3.7 EPS 格式

内嵌式 PostScript（EPS）语言文件格式可以同时包含矢量图形和位图图形，并且几乎所有的图形、图表和页面排版程序都支持该格式。EPS 格式用于在应用程序之间传递 PostScript 图片。当打开包含矢量图形的 EPS 文件时，Photoshop 栅格化图像，并将矢量图形转换为像素。

EPS 格式支持 Lab、CMYK、RGB、索引颜色、双色调、灰度和位图颜色模式，但不支持 Alpha 通道。EPS 支持剪贴路径。桌面分色（DCS）格式是标准 EPS 格式的一个版本，可以存储 CMYK 图像的分色。使用 DCS 2.0 格式可以导出包含专色通道的图像。若要打印 EPS 文件，必须使用 PostScript 打印机。

Photoshop 使用 EPS TIFF 和 EPS PICT 格式，允许您打开以创建预览时使用的、但不受 Photoshop 支持的文件格式，如 QuarkXPress® 所存储的图像。您可以编辑和使用打开的预览图像，就像任何其它低分辨率文件一样。

注意 EPS PICT 预览只适用于 Mac OS。

### 1.3.8 PDF 格式

便携文档格式（PDF）是一种灵活的、跨平台、跨应用程序的文件格式。基于 PostScript 成像模型，PDF 文件精确地显示并保留字体、页面版式以及矢量和位图图形。另外，PDF 文件可以包含电子文档搜索和导航功能（如电子链接）。PDF 支持 16 位 / 通道的图像。Adobe Acrobat 还有一个 Touch Up Object 工具，用于对 PDF 中的图像进行较小的编辑。

### 1.3.9 PSB 格式

PSB 格式可以支持最高达到 300 000 像素的超大图像文件，他可保持图像中的通道、图层样式、滤镜效果不变。PSB 格式的文件只能在 Photoshop 中打开。

# Photoshop 处理图像的基本流程

对于拍摄后的，每张照片存在的问题都是不同的，但在处理时无外乎进行整体调整、曝光调整、色彩调整、瑕疵修复和清晰度调整 5 个主要步骤，通过这几个步骤，可以完成对变形图像、过暗、过亮、偏色、模糊、瑕疵修复等问题的调整，具体流程可以参考如图 1-35 所示的处理图像的基本流程表。

## 数码相片编修流程表

| 1. 摆正、裁剪、调大小 | 2. 曝光调整 | 3. 色彩调整 | 4. 瑕疵修复 | 5. 清晰度 |
|---|---|---|---|---|
| ◉ 转正横躺的直幅相片与歪斜相片<br>◉ 矫正变形图像<br>◉ 裁剪图像修正构图<br>◉ 调整图像大小<br>◉ 更改画布大小 | ◉ 查看相片的明暗分布状况<br>◉ 调整整体亮度与对比度<br>◉ 修正局部区域的亮度与对比度 | ◉ 移除整体色偏<br>◉ 修复局部区域的色偏<br>◉ 强化图像的色彩<br>◉ 更改图像色调 | ◉ 清除脏污与杂点<br>◉ 去除多余的杂物<br>◉ 人物美容 | ◉ 增强图像锐化度提升照片的清晰效果<br>◉ 改善模糊相片 |

图 1-35 图像编修流程表

# 1.5 熟悉工作环境

在学习 Photoshop 软件时，首先要了解软件的工作界面，如图 1-36 所示的图像就是启动 Photoshop CS5 软件并打开一个素材文件后的工作界面。

其中工作界面组成部分的各项含义如下。

◉ 标题栏：位于整个窗口的顶端，显示了当前应用程序的名称、相应功能的快速图标、相应功能对应工作区的快速设置，以及用于控制文件窗口显示大小的窗口最小化、窗口最大化（还原窗口）、关闭窗口等几个快捷按钮。

图 1-36 Photoshop CS5 工作界面

- 菜单栏：Photoshop CS5 将所有命令集合分类后，扩展版放置在 11 个菜单中，普及版放置在 9 个菜单中。利用下拉菜单命令可以完成大部分图像编辑处理工作。

- 属性栏（选项栏）：位于菜单栏的下方，选择不同工具时会显示该工具对应的属性栏（选项栏）。

- 工具箱：通常位于工作界面的左面，由 22 组工具组成。

- 工作窗口：显示当前打开文件的名称、颜色模式等信息。

- 状态栏：显示当前文件的显示百分比和一些编辑信息如文档大小、当前工具等。

- 面板组：位于界面的右侧，将常用的面板集合到一起。

## 1.5.1 工具箱

Photoshop 的工具箱位于工作界面的左边，所有工具全部放置到工具箱中。要使用工具箱中的工具，只要单击该工具图标即可在文件中使用。如果该图标中还有其他工具，单击鼠标右键既可弹出隐藏工具栏，选择其中的工具单击即可使用，如图 1-37 所示的图像就是 Photoshop 的工具箱。（此工具箱为 CS5 版本的）

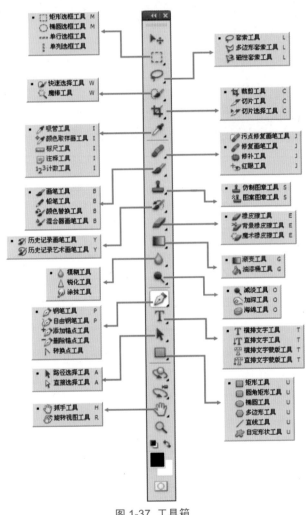

图 1-37　工具箱

技巧 Photoshop 从 CS3 版本后，只要在"工具箱"顶部单击三角形转换符号，就可以将"工具箱"的形状在单长条和短双条之间变换。

## 1.5.2 属性栏（选项栏）

Photoshop 的属性栏（选项栏）提供了控制工具属性的选项，其显示内容根据所选工具的不同而发生变化，选择相应的工具后，Photoshop 的属性栏（选项栏）将显示该工具可使用的功能和可进行的编辑操作等，属性栏一般被固定存放在菜单栏的下方。如图 1-38 所示的图像就是在工具箱中单击 [□]（矩形选框工具）后，显示的该工具的属性栏。

当前选择的工具

当前选择的工具对应的功能

图 1-38 属性栏

## 1.5.3 菜单栏

Photoshop 的菜单栏由"文件"、"编辑"、"图像"、"图层"、"选择"、"滤镜"、"视图"、"窗口"和"帮助"共 9 类菜单组成，包含了操作时要使用的所有命令。要使用菜单中的命令，只需将鼠标光标指向菜单中的某项并单击，此时将显示相应的下拉菜单。在下拉菜单中上下移动鼠标进行选择，然后再单击要使用的菜单选项，即可执行此命令。如图 1-39 所示的图像就是执行"图层 > 智能对象"命令后的下拉菜单。

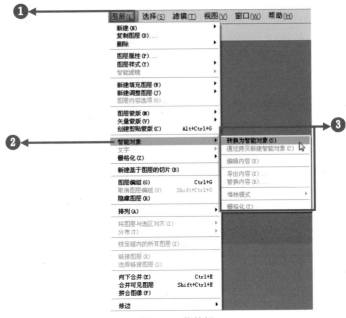

图 1-39 菜单栏

**技巧** 如果菜单中的命令呈现灰色，则表示该命令在当前编辑状态下不可用；如果在菜单右侧有一个三角符号"▶"，则表示此菜单包含有子菜单，只要将鼠标移动到该菜单上，即可打开其子菜单；如果在菜单右侧有省略号"……"，则执行此菜单项目时将会弹出与之有关的对话框。

### 1.5.4 状态栏

状态栏在图像窗口的底部，用来显示当前打开文件的一些信息，如图 1-40 所示。单击三角符号打开子菜单，即可显示状态栏包含的所有可显示选项。

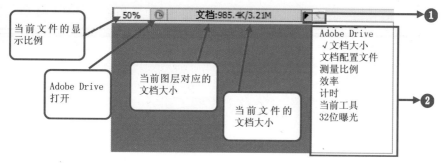

图 1-40 状态栏

其中的各项含义如下。

- ◉ Adobe Drive：用来连接 Version Cue 服务器中的 Version Cue 项目，可以让设计人员和力处理公共文件，从而让设计人员轻松地跟踪或处理多个版本的文件。

- ◉ 文档大小：在图像所占空间中显示当前所编辑图像的文档大小情况。

- ◉ 文档配置文件：在图像所占空间中显示当前所编辑图像的图像模式，如 RGB 颜色、灰度、CMYK 颜色等。

- ◉ 文档尺寸：显示当前所编辑图像的尺寸大小。

- ◉ 测量比例：显示当前进行测量时的比例尺。

- ◉ 暂存盘大小：显示当前所编辑图像占用暂存盘的大小情况。

- ◉ 效率：显示当前所编辑图像操作的效率。

- ◉ 计时：显示当前所编辑图像操作所用去的时间。

- ◉ 当前工具：显示当前进行编辑图像时用到的工具名称。

- ◉ 32 位曝光：编辑图像曝光只在 32 位图像中起作用。

## 1.5.5 面板组

至 Photoshop CS3 版本以后，不同类型的面板归类到相应对的组中并将其停靠在右边面板组中，在我们处理图像时需要哪个面板只要单击标签就可以快速找到相对应的面板，从而不必再到菜单中打开。Photoshop CS5 版本在默认状态下，只要执行"菜单 > 窗口"命令，就可以在下拉菜单中选择相应的面板，之后该面板就会出现在面板组中，如图 1-41 所示的图像就是在展开状态下的面板组。

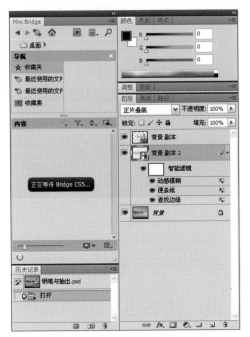

图 1-41 展开的面板组

**温馨提示** 工具箱和面板组默认时处于固定状态，只要使用鼠标拖动上面的标题处到工作区域，就可以将固定状态变为浮动状态。

**温馨提示** 当工具箱或面板处于固定状态时关闭，再打开后工具箱或面板仍然处于固定状态；当工具箱或面板处于浮动状态时关闭，再打开后工具箱或面板仍然处于浮动状态。

# 1.6

## 还原过失操作

在使用 Photoshop 处理图像时，难免会出现错误。当错误出现后，如何还原是非常重要的一项操作，我们只要执行菜单中的"编辑 > 还原"命令或按快捷键【Ctrl+Z】便可以向前返回一步；反复执行菜单中的"编辑 > 后退一步"命令或按快捷键【Ctrl+Alt+Z】可以还原多次的错误操作。

> **技巧** 执行菜单中的"编辑 > 还原"命令后，编辑菜单中的"还原"命令会变成"重做"命令。此时执行菜单中的"编辑 > 重做"命令会恢复之前的样式。

> **技巧** 如果想一次还原多步操作，我们就应该结合"历史记录"面板，在"历史记录"面板中只要选择之前的操作选项，即可还原到该效果。例如我们为一张图像按顺序执行"去色"、"查找边缘"和"木刻"命令，直接选择"打开"命令会恢复成最初打开状态，如图 1-42 所示。

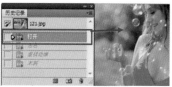

图 1-42 一次还原多步效果

# 查看图像

在我们开始学习处理图像之前，首先应该先知道如何查看图像的内容，这样才能发现问题所在。

## 1.7.1 缩放显示比例

缩放图像可以通过"工具箱"中的 🔍（缩放工具）或在"标题栏"中的应用工具中使用 🔍（缩放工具），默认状态下在图像中单击即可对图像进行放大，按住【Alt】键单击可以进行缩小，如图 1-43 所示。

图 1-43 缩放

选择 🔍（缩放工具）后，选项栏中会显示针对该工具的一些属性设置，如图 1-44 所示。

图 1-44 缩放工具选项栏

属性栏中的各项含义如下(重复或大致相同的选项设置就不做介绍了)。

- 放大/缩小：单击放大或缩小按钮，即可执行对图像的放大与缩小。
- 调整窗口大小以满屏显示：勾选此复选框，对图像进行放大或缩小时图像会始终以满屏显示；不勾选此复选框，系统在调整图像适配至满屏时，会忽略控制调板所占的空间，使图像在工作区内尽可能地放大显示。
- 缩放所有窗口：勾选该复选框后，可以将打开的多个图像一同缩放。
- 实际像素：画布将以实际像素显示，也就是 100% 的比例显示。
- 适合屏幕：画布将以最合适的比例显示在文档窗口中。
- 最大窗口：画布将以工作窗口的最大化显示。
- 打印尺寸：画布将以打印尺寸显示。

**温馨提示** Photoshop 的缩放工具还可以平滑缩放，就是使用缩放工具按住图像约 0.5 秒，图像就会开始慢慢放大或缩小，类似摄影机 zoom_in/zoom_out 的效果，待图像缩放到适当的比例后放开鼠标即会停止(此功能为 CS4 新增的功能，需较新的显卡支持)。

## 1.7.2 拖动平移图像

当图像放大到超出文件窗口的范围，我们可利用 （抓手工具）将被隐藏的部分移到文件窗口的显示范围来。另外，若你的 Photoshop 能够启动 GPU 加速功能，则用抓手工具移动图像，图像还会有飘起然后慢慢停止的效果，使用 （抓手工具）可以在图像窗口中移动整个画布，移动时不影响图像的位置，在"导航器"调板中能够看到显示范围，如图 1-45 所示。

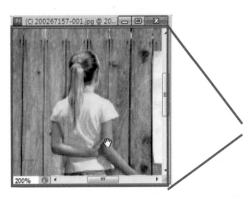

图 1-45 抓手工具调整图像

选择<span>（抓手工具）后，属性栏中会显示针对该工具的一些属性设置，如图 1-46 所示。

图 1-46 抓手工具属性栏

属性栏中的各项含义如下（重复或大致相同的选项设置就不做介绍了）。

◉ 滚动所有窗口：使用抓手工具可以移动打开的所有窗口中的图像画布。

### 1.7.3 旋转视图

Photoshop 的（旋转工具）可任意旋转图像的视图角度，例如要在图像上涂刷上色时，可以将图像旋转成符合自己习惯的涂刷方向，但是，必须启动 GPU 加速功能才能使用这个工具。在调整时会在图像中出现一个方向指示针，如图 1-47 所示。

选择（旋转工具）后，选项栏中会显示针对该工具的一些属性设置，如图 1-48 所示。

图 1-47 使用旋转工具旋转画布

图 1-48 旋转工具选项栏

属性栏中的各项含义如下（重复或大致相同的选项设置就不做介绍了）。

◉ 旋转角度：用来设置对画布旋转的固定数值。

◉ 复位视图：单击该按钮，可以将旋转的画布复原。

◉ 旋转所有窗口：勾选该复选框可以将多个打开的图像一同旋转。

温馨提示 使用 🖼 (旋转工具)时，必须要有相应的显卡支持，否则该工具将不能够使用，安装显卡后，执行菜单中的"编辑 > 首选项 > 性能"命令，在打开的对话框中将"启用 OpenGL 绘图"复选框勾选即可，如图 1-49 所示。

图 1-49 启用 OpenGL 绘图

# 文件的基本操作

在我们使用 Photoshop 开始创作之前，必须了解如何新建文件、打开文件以及对完成的作品进行储存等操作。

## 1.8.1 新建文件

"新建"文件命令可以用来创建一个空白文档，可以通过执行菜单中"文件 > 新建"命令或按【Ctrl+N】快捷键，打开如图 1-50 所示的"新建"对话框，在对话框中可以设置文件的名称、尺寸、分辨率、颜色模式等。

单击该按钮可以打开或折叠高级设置

图 1-50 "新建"对话框

其中的各项含义如下。

- 名称：用于设置新建文件的名称。
- 预设：在该下拉列表中包含软件预设的一些文件大小，例如照片、Web 等。
- 大小：在"预设"选项中选择相应的预设后，可以在"大小"选项中设置相应的大小。

- 宽度／高度：新建文档的宽度与高度。单位包括：像素、英寸、厘米、毫米、点、派卡和列。
- 分辨率：用来设置新建文档的分辨率。单位包括："像素／英寸"和"像素／厘米"。
- 颜色模式：用来选择新建文档的颜色模式。包括：位图、灰度、RGB 颜色、CMYK 颜色和 Lab 颜色。定位深度包括：1 位、8 位、16 位和 32 位。主要用于设置可使用颜色的最大数值。
- 背景内容：用来设置新建文档的背景颜色。包括：白色、背景色（创建文档后"工具箱"中的背景颜色）和透明。
- 颜色配置文件：用来设置新建文档的颜色配置。
- 像素长宽比：设置新建文档的长宽比例。
- 储存预设：用于将新建文档的尺寸保存到预设中。
- 删除预设：用于将保存到预设中的尺寸删除。（该选项只对自定储存的预设起作用）

Device central（设备中心）：用于快速设置手机等移动设备，单击该按钮系统会弹出用于设置手机等移动设备界面的对话框，如图 1-51 所示。在对话框中选择相应的手机模板❶和要创建的界面类型❷，然后单击"创建"按钮❸，就可以在 Photoshop CS5 中创建一个预设的手机屏幕大小的文档。

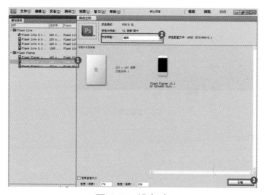

图 1-51 设备库

技巧 在打开的软件中，按住【Ctrl】键双击工作界面中的空白处同样可以弹出"新建"对话框，设置完成后单击"确定"按钮即可新建一个空白文档。

只要按照自己的意愿，设置相应的名称、尺寸、分辨率、颜色模式后，直接单击"确定"按钮，即可在工作场景中得到一新建的空白文档，如图 1-52 所示的图像即名称为"我的工作空间"，长宽为 12 厘米和 9 厘米，分辨率为 150 的空白文档。

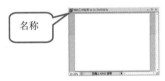

图 1-52 新建空白文档

### 1.8.2 打开文件

"打开文件"命令可以将储存的文件或者可以用于该软件格式的图片打开。在菜单中执行"文件 > 打开"命令或按【Ctrl+O】快捷键，弹出如图 1-53 所示的"打开"对话框，在对话框中可以选择需要打开的图像素材。

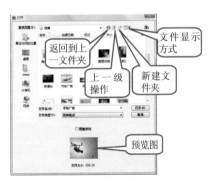

图 1-53 "打开"对话框

其中的各项含义如下。

◉ 查找范围：在下拉列表中可以选择需要打开的文件所在的义件夹。

◉ 文件名：当前选择准备打开的文件。

◉ 文件类型：在下拉列表中可以选择需要打开的文件类型。

◉ 图像序列：勾选该按钮会将整个文件夹中的文件以帧的形式打开到"动画"调板中。

◉ 预览图：选择要打开的图像后，此处会显示该图像的缩略以便观看。

选择好打开文件后，单击"打开"按钮，会将选取的文件在工作区中打开，如图 1-54 所示。单击"取消"按钮会关闭"打开"对话框。

图 1-54 打开的文件

技巧 在打开的软件中，双击工作界面中的空白处同样可以弹出"打开"对话框，选择需要的图像文件后，单击"确定"按钮即可将该文件在 Photoshop 中打开。

### 1.8.3 保存文件

"保存文件"命令可以将新建文档或处理完的图像进行储存。在菜单中执行"文件 > 存储"命令或按快捷键【Ctrl+S】，如果是第一次对新建文件进行保存，系统会弹出如图 1-55 所示的"存储为"对话框。

图 1-55 "储存为"对话框

其中的各项含义如下。

◉ 保存为：在下拉列表中可以选择需要储存的文件所在的文件夹。

◉ 文件名：用来为储存的文件进行命名。

◉ 格式：选择要储存的文件格式。

◉ 存储：用来设置要储存文件时的一些特定设置。

• 作为副本：可以将当前的文件储存为一个副本，当前文件仍处于打开状态。

• Alpha 通道：可以将文件中的 Alpha 通道进行保存。

• 图层：可以将文件中存在的图层进行保存，该选项只有在储存的格式与图像中存在图层时才会被激活。

• 批注：可以将文件中的文字或语音附注进行储存。

• 专色：可以将文件中的专设通道进行储存。

◉ 颜色：用来设置储存文件时的颜色。

• 使用校样设置：当前文件如果储存为 PSD 或 PDF 格式时，此复选框才处于激活状态。勾选此复选框，可以保存打印用的样校设置。

- ICC 配置文件：可以保存嵌入文档中的颜色信息。
- 缩览图：勾选该复选框，可以为当前储存的文件创建缩览图。
- 使用小写扩展名：勾选该复选框，可以将扩展名改为小写。

选择好设置完毕后，单击"保存"按钮，会将选取的文件进行储存，单击"取消"按钮会关闭"储存为"对话框，而继续工作。

> **技巧** 在 Photoshop 中如果为打开的文件或已经储存过的新建文件进行储存时，系统会自动进行储存而不会弹出对话框。如果想对其进行重新储存可以执行"文件 > 存储为"命令或按快捷键【Shift+Ctrl+S】，系统同样会弹出"存储为"对话框。

## 1.8.4 关闭文件

使用"关闭文件"命令，可以将当前处于工作状态的文件进行关闭。在菜单中执行"文件 > 关闭"命令或按快捷键【Ctrl+W】可以将当前编辑的文件关闭，当对文件进行了改动后，系统会弹出如图 1-56 所示的警告对话框。单击"是"按钮可以对修改的文件进行保存后关闭；单击"否"按钮可以关闭文件不对修改进行保存；单击"取消"按钮可以取消当前关闭命令。

图 1-56 警告对话框

## 1.8.5 恢复文件

在对文件进行编辑时，如果对修改的结果不满意，想返回到最初的打开状态，可以执行"恢复"命令，即可将文件恢复至最近一次保存的状态。

### 1.8.6 置入图像

在 Photoshop 中可以通过"置入"命令，将不同格式的文件导入到当前编辑的文件中，并自动转换成智能对象图层，具体操作如下。

**操作步骤：**

1. 在 Photoshop CS5 中新建一个文档。

2. 执行菜单中的"文件 > 置入"命令，打开"置入"对话框，在对话框中选择一个 EPS 格式的文件❶，并单击"置入"按钮❷，如图 1-57 所示。

图 1-57 "置入"对话框

3. 单击"置入"按钮后，选择的"EPS 格式的文件"会被置入到新建的文件中，被置入的图像可以通过拖动控制点❸将其进行放大或者缩小，如图 1-58 所示。

4. 按【Enter】键可以完成对置入图像的变换，此时该图像会自动以智能对象的模式出现在图层中❹，如图 1-59 所示。

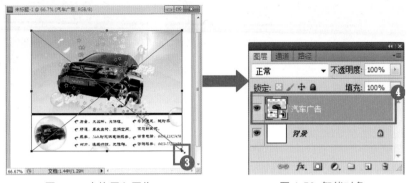

图 1-58 变换置入图像              图 1-59 智能对象

# 掌握 Photoshop 需要学会的知识

许多人在刚开始学习 Photoshop 时，都会感觉无从下手，不知道自己到底应该对 Photoshop 的哪些功能进行了解和掌握。本节就为大家初步讲解一下在学习 Photoshop 时需要掌握的一些核心内容。

## 1.9.1 了解选区的应用

选区是 Photoshop 处理图像必不可少的一个主要功能。它主要体现在对图像的局部进行隔离并可以对其进行单独的移动、复制、休整或颜色校正。选区对于处理多个图像合成时是必不可少的。如图 1-60 所示的图像为移动选区内容；如图 1-61 所示的图像为擦除选区内的部分图像；如图 1-62 所示的图像为对选区内的图像进行颜色调整。

 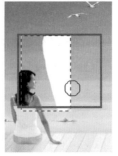 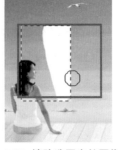

图 1-60 移动选区内容　图 1-61 擦除选区内的图像　图 1-62 调整选区内的颜色

### 1.9.2　了解图层的作用

　　Photoshop 中的图层相当于图纸绘图中使用的重叠的图纸。可以将合成后的图像分别放置到不同的层中，在编辑处理相应图层中的图像时不会影响到其他图层中的图像。如图 1-63 所示的图像为擦除图层"树"中的部分图像，此时会发现下面图层中的图像没有被擦除。

图 1-63　对某个图层进行擦除

### 1.9.3　了解路径的作用

　　Photoshop 中的路径不仅可以用来绘制精确的矢量图形，还可以用来创建编辑区域的轮廓和在图像中创建蒙版，以及将路径转换成选区。通过"路径"调板可以对创建的路径进行进一步的编辑，如图 1-64 所示。

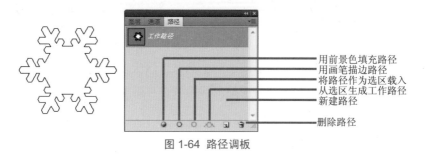

用前景色填充路径
用画笔描边路径
将路径作为选区载入
从选区生成工作路径
新建路径
删除路径

图 1-64 路径调板

### 1.9.4 了解通道

Photoshop 中的通道因颜色模式的不同而产生不同的通道，在通道中显示的图像只有黑、白两种颜色，Alpha 通道是计算机图形学中的术语，指的是特别的通道。通道中白色部分会在图层中创建选区，黑色部分就是选区以外的部分，灰色部分是黑、白两色的过度产生的选区会有羽化效果。在图层中创建的选区可以储存到通道中。如图 1-65、图 1-66 和图 1-67 所示的图像分别为同一张图像在 RGB 颜色模式、CMYK 颜色模式和 Lab 颜色模式下的通道。

图 1-65 RGB 颜色模式

图 1-66 CMYK 颜色模式

图 1-67 Lab 颜色模式

第 1 章 学习 Photoshop 之前需要了解的知识

47

### 1.9.5 了解蒙版

Photoshop 中的蒙版可以对图像的某个区域进行保护，在运用蒙版处理图像时不会对图像进行破坏，如图 1-68 所示。在快速蒙版状态下可以通过画笔工具、橡皮擦工具或选区工具来增加或减少蒙版范围。在图层蒙版中，蒙版可以将该图层中的局部区域进行隐藏，但不会对图层中的图像进行破坏，如图 1-69 所示。

受保护区域

图层中的图像没有遭到破坏

图 1-68 快速蒙版　　　　　　图 1-69 图层蒙版

### 1.9.6 滤镜

学习 Photoshop 时对滤镜的应用是普遍的，Photoshop 中的滤镜功能非常强大，使用软件自带的滤镜可以制作出千变万化的特殊效果，不需要大家进行繁琐的编辑，只要执行相应的命令即可得到想要的效果，如图 1-70 所示的效果即为应用便条纸命令得到的效果。

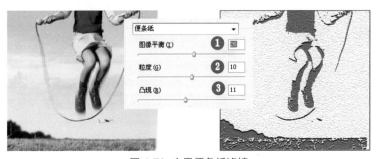

图 1-70 应用便条纸滤镜

## 1.9.7 自动化

　　利用 Photoshop 中的自动化命令可以快速将多个文件进行统一规划管理，可以将其转换成相同大小同一格式的文件以及创建图片包、联系表等操作。

# 第2章

## 图像调整基础

本章重点：
- ⊙ 了解 Photoshop 旋转图像的方法
- ⊙ 了解 Photoshop 裁切图像的方法
- ⊙ 了解 photoshop 校正图像的方法

本章主要为大家介绍如何解决 Photoshop 编修图像时遇到的图像方向问题、应用图像时超出所需范围问题或因为拍摄产生的透视问题等方面的相关知识，让大家可以轻松掌握用 Photoshop 处理图像的基础。

# 2.1

# 直幅与横幅之间的转换

当我们使用数码相机拍摄照片时，由于相机没有自动转正功能，会使输入到电脑中的照片由直幅变为横躺效果，虽然对于编修不会产生任何拖累，但是对于人们的视觉会产生不习惯的感觉，这时我们就可以利用 Photoshop 快速将横幅的照片转换成直幅效果。执行菜单中的"图像 > 图像旋转"命令，在子菜单中我们可以看到多个旋转图像的命令，但是转正直幅照片最常用的还是顺时针 90 度或逆时针 90 度命令，如图 2-1 所示。载入横幅照片后，按照照片中人物的头部方向选择顺时针 90 度或逆时针 90 度命令，即可完成转换，如图 2-2 所示。

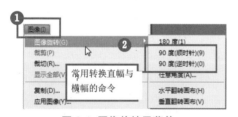

图 2-1  图像旋转子菜单

根据横躺照片人物头部方向，我们应该执行逆时针 90 度命令即可将图像转换为正常直幅效果

图 2-2  转换后的效果

温馨提示 在 photoshop 中使用"变换"命令对图像进行旋转时，图像的最后显示高度只能是原图横躺的高度，超出的范围将不会被显示，如图 2-3 所示。

① 调出旋转变换框

② 拖动变换框旋转 90 度

图 2-3 通过变换旋转的直幅效果

## 复制图像

在 Photoshop 中处理图像时难免会出现一些错误，或处理到一定程度时看不到原来效果作为参考，这时我们只要通过 Photoshop 中的"复制"命令就可以将当前选取的文件，创建一个复制品。此时操作原图或复制品时，另一个文件不会受到影响，执行菜单中的"图像 > 复制"命令，系统会弹出如图 2-4 所示的"复制图像"对话框。

图 2-4 复制对话框

其中的各项含义如下（与之前功能相似的选项这里就不多讲了）。

◎ 仅复制合并的图层：勾选该复选框后，被复制的图像即使是多图层的文件，那么副本也只会是一个图层的合并文件。

在对话框中为图像重新命名后，单击"确定"按钮后，系统会为当前文档新建一个副本文档，如图 2-5 所示，当为源文件更改色相时，副本不会受到影响，如图 2-6 所示，此时可以看到明显的对比效果。

图 2-5 副本

图 2-6 原图更改色相后

# 裁剪应用于网页的图像

当今社会网络应用越来越广泛，网页中存在的图像也是越来越多，但是如果直接将拍摄的照片传到网络中会存在图像过大或大小不一的效果，如果图像过大网页的打开速度就会变得非常慢，使浏览网页的人失去打开该网页的耐心。这时使用 Photoshop 就可以将多个图像裁剪成统一大小和统一分辨率的样式。

## 2.3.1 使用裁剪工具统一图像大小

在 Photoshop 中能够将图像进行快速裁切的工具只有 ▣（裁剪工具），使用 ▣（裁剪工具）可以剪切图像，并可以重新设置图像的大小和分辨率，该工具的使用方法非常简单，只要在图像中按住鼠标拖动。松开鼠标后，按【Enter】键即可完成对图片的裁切，如图 2-7 所示。

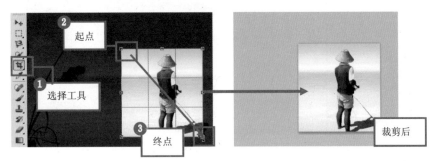

图 2-7 裁剪图像

下面就为大家讲解裁剪多个统一大小的图像的方法。

**操作步骤：**

1. 执行菜单中的"文件 > 打开"命令或按【Ctrl+O】快捷键，打开随书附带光盘中的"素材文件 / 第 2 章 / 裁剪 1.jpg、裁剪 2.jpg、裁剪 3.jpg"素材，如图 2-8 所示。

图 2-8　素材

2. 为了方便本次操作使用"裁剪 1"素材进行讲解，打开素材后，在"工具箱"中选择 🔲（裁剪工具）❶，在属性栏中设置"宽度"与"高度"为"5 厘米"❷，由于是设置上传到网页的图像，所以我们将"分辨率"设置为"72 像素 / 英寸"❸，如图 2-9 所示。

图 2-9　设置裁剪工具

3. 工具属性设置完成后，使用鼠标在图像中选择裁切的起始点❶，在图像中按下鼠标拖动，松开鼠标的位置即是裁剪框的终点❷，如图 2-10 所示。

图 2-10　设置裁剪工具

((( ● **温馨提示** 使用 🔲 （裁剪工具） 裁剪图像时，设置属性 "宽度" 与 "高度" 后， 在图像中无论创建的裁剪框是多 大， 裁剪后的最终图像大小是一致的。 设置属性后可以应用 到所有打开的图像中。

4. 裁剪框创建完毕后，按【Enter】键完成裁切，如图 2-11 所示，在 另外两张素材中拖动创建裁剪框并裁剪图像，如图 2-12 所示。

图 2-11 裁剪后　　　　　　　　　　　图 2-12 裁剪后

5. 执行菜单中的"图像 > 图像大小"命令，打开"图像大小"对话 框，在对话框中可以看到裁剪后图像的大小和分辨率，如图 2-13 所示。

图 2-13 图像大小对话框

**操作延伸：**

选择 🔲 （裁剪工具）后，选项栏中会显示针对该工具的一些属性设 置，如图 2-14 所示。

图 2-14 裁剪工具选项栏

其中的各项含义如下（与之前功能相似的选项这里就不多讲了）。

◉ 宽度 / 高度：用来固定裁切后图像的大小。

◉ 分辨率：用来设置裁切后图像使用的分辨率。

◉ 前面的图像：单击此按钮后，会在"宽度"、"高度"、和"分辨率"的文本框中显示当前处于编辑状态图像的相应参数值。

◉ 清除：单击此按钮后，裁切图像将会按照拖动鼠标产生的裁剪框来确定裁切大小。

在图像中创建裁剪框后，选项栏也会跟随发生变化，如图 2-15 所示。

图 2-15 创建裁剪框后的选项栏

其中的各项含义如下（与之前功能相似的选项这里就不多讲了）。

◉ 裁剪区域：用来设置被裁剪掉区域的存留模式。

　● 删除：系统会自动删除裁剪框外面的内容。

　● 隐藏：系统会将裁剪框外面的内容隐藏在画布之外，使用移动工具自窗口中拖动时，可以看见被隐藏的部分。

◉ 裁剪参考线叠加：使用此功能能够对要裁剪的图像进行更加细致的划分，如图 2-16 所示。（CS5 新增功能）

图 2-16 裁剪参考线叠加

◉ 屏蔽：使用屏蔽色将裁剪框外的图像用屏蔽色遮蔽起来，用来区分裁剪框内的图像。

◉ 颜色：用来设置裁剪区域的显示颜色。

◉ 不透明度：用来设置裁剪区域的显示颜色的透明程度。

◉ 透视：勾选此复选框，可以对裁剪框进行扭曲变形设置；不勾选此复选框，只能对裁剪框进行缩放或旋转操作。

### 2.3.2 使用裁剪命令裁切固定图像

拍摄照片时照片的比例一般是 3:2、6:4 等常见比例显示，也有部分支持 16:9 或 16:10 的比例，在显示器中任何比例的照片都可以显示，但是要将该照片处理为上传网页的照片时，就要我们对其进行一下处理。方法很简单，在图像中创建选区后，通过"裁剪"命令就可以对其进行裁切，具体的操作步骤如下。

**操作步骤：**

1. 执行菜单中的 "文件>打开"命令或按快捷键【Ctrl+O】键，打开随书附带光盘中的"素材文件/第2章/女孩.jpg"素材，如图2-17所示。

2. 执行菜单中的"图像 > 图像大小"命令，在对话框中我们看到此素材的大小不是输出照片的比例，如图 2-18 所示。

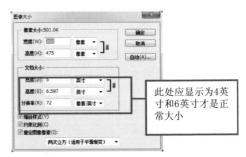

图 2-17　素材　　　　　　　　　图 2-18　图像大小对话框

3. 下面我们就将其裁剪成符合照片上传的大小，在"工具箱"中选择 （矩形选框工具）❶，在属性栏中选择"样式"为"固定大小"、"宽度"为"4 英寸"、"高度"为"6 英寸"❷，如图 2-19 所示。

图 2-19　设置矩形选框工具

4. 设置完毕使用鼠标在素材上单击，即可创建选区，如图2-20所示。

创建选区　　移动选区

图 2-20　创建选区

5. 选区移动到相应位置后，执行菜单中的"图像 > 裁剪"命令，按【Ctrl+D】快捷键去掉选区，得到如图 2-21 所示的效果。

图 2-21　裁剪后的最终效果

**技巧**　应用"裁剪"命令时，即使图像中不是矩形选区，应用该命令后，被裁剪的图像依旧会以矩形进行剪切。裁剪后的图像以选区的最高与最宽部位为参考点。

6. 执行菜单中的"图像 > 图像大小"命令，打开"图像大小"对话框，此时我们发现该照片已经被裁剪成可冲印的大小了，如图2-22所示。

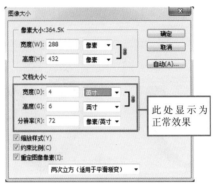

图 2-22　图像大小对话框

# 裁切出无背景的图像

　　将图像制作成无背景的效果后，在不同软件之间进行编辑时省去了很多不必要的麻烦，通常常用的格式为 GIf 和 PNG 两种格式，在 Photoshop 中通过进行转换是件非常容易的事，具体的操作步骤如下。

　　**操作步骤：**

　　1. 执行菜单中的"文件 > 打开"命令或按快捷键【Ctrl+O】键，打开随书附带光盘中的"素材文件/第2章/长靴.jpg"素材，如图2-23所示。

图 2-23　素材

2. 使用 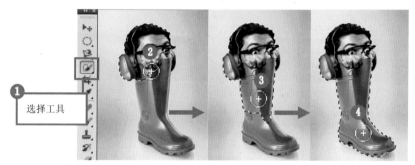（快速选择工具）在素材中的人头和靴子部位拖动创建选区，如图 2-24 所示。（CS3 新增工具）

图 2-24 创建选区

3. 选区创建完毕后，按【Ctrl+J】快捷键复制选区内的图像得到"图层 1"，如图 2-25 所示。

图 2-25 复制图像

4. 在"背景"图层前面的小眼睛上单击，隐藏背景图层，如图 2-26 所示。

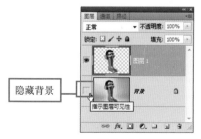

图 2-26 隐藏背景图层

5. 执行菜单中的"图像 > 裁切"命令，打开"裁切"对话框，如图 2-27 所示。

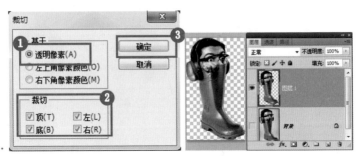

图 2-27 裁切对话框　　　　图 2-28 裁切后

6. 设置完毕单击"确定"按钮，裁切后的效果如图 2-28 所示。

 **技巧** 调出图层的选区后，通过"裁剪"命令也可以将图像进行裁切。

7. 裁切后执行菜单中的"文件 > 存储为"命令，打开"存储为"对话框，设置"格式"为 PNG，如图 2-29 所示。

图 2-29 储存为对话框　　图 2-30 PNG 选项对话框

8. 设置完毕单击"保存"按钮，弹出"PNG 选项"对话框，如图 2-30 所示。

9. 按照默认值即可，单击"确定"按钮，完成无背景图像储存，在 Flash 8 中导入该图会发现此图为无背景效果，如图 2-31 所示。

图 2-31 在 Flash8 中导入素材

# 修正透视图像

在拍摄照片时由于角度、距离或相机问题常常会出现照片中被拍摄的人物或景物产生透视效果，让人看起来非常的不舒服，这时我们只要使用 Photoshop 轻松几步就能将其修复，具体的操作步骤如下。

**操作步骤：**

1. 执行菜单中的"文件 > 打开"命令或按快捷键【Ctrl+O】键，打开随书附带光盘中的"素材文件/第 2 章/透视图 .jpg"素材，如图 2-32 所示。从素材中我们能够明显的看出图像出现了头小底大的透视效果。

图 2-32 透视图

❶ 选择工具

❷ 创建裁剪框

图 2-33 创建裁剪框

2. 在"工具箱"中选择 **①** 在素材中的创建一个裁剪框 **②**，如图 2-33 所示。

3. 裁剪框创建完毕后，在"属性栏"中勾选"透视"复选框 **③**，再使用鼠标拖动上面的两个控制点 **④**，使其产生一个透视裁剪框，如图 2-34 所示。

4. 调整透视后，按【Enter】键即可校正透视，效果如图 2-35 所示。

图 2-34 透视调整　　　　　　图 2-35 修正透视

**技巧** 修正透视效果还可以通过调整变换框，直接将透视效果变换成正常；或者使用"镜头校正"滤镜来调整透视效果（CS5新增功能）。

## 2.6 修正倾斜图像

在拍摄照片时由于角度或姿势等问题，会把相片拍摄成倾斜效果，如果您对这张照片的景色非常喜欢，又不能重新去拍的时候，就要通过 Photoshop 对其进行重新构图和修正了。

### 2.6.1 矫正构图

拍摄时相机没有保持水平或垂直，使得照片中的水平线或垂直线歪掉了，这对构图而言是很明显的缺失。要将这种歪斜的照片转正，我们要拿出标尺先算出角度，然后再旋转。

**操作步骤:**

1. 执行菜单中的"文件 > 打开"命令或按快捷键【Ctrl+O】键，打开随书附带光盘中的"素材文件/第2章/倾斜图.jpg"素材，如图2-36所示。从素材中我们能够明显的看出地平线出现了角度。

图 2-36 倾斜图

2. 在"工具箱"中选择 ▦ （标尺工具），在素材中应该是与地平线相平行的位置绘制标尺线，如图2-37所示。

图 2-37 创建标尺线

3. 标尺线创建完毕后，执行菜单中的"图像 > 图像旋转 > 任意角度"命令，打开"旋转画布"对话框，参数设置按照默认值即可，如图 2-38 所示。

图 2-38 "旋转画布"对话框

**温馨提示** 通过 <img>（标尺工具）拖动产生的角度会自动与"旋转画布"对话框的角度相一致。

4. 单击"确定"按钮后，画布会旋转成水平效果，效果如图2-39所示。

旋转角度

图 2-39 旋转后

## 2.6.2 二次构图

旋转照片后，还要裁掉四周多余的白边才算完成，但是裁切不仅仅只是去掉白边而已，它还肩负着"改变宽高比例"、"二次构图"的任务。假设编修好的照片最后要冲印成 6×4 的照片（宽高比为 3:2），但原照片的宽高比是 4:3，则我们可先透过裁剪将照片裁成符合相纸的比例，这样拿去冲洗时才不会有白边或是被去头去尾的情况。

**操作步骤：**

1. 在"工具箱"中选择█（矩形选框工具）❶，在属性栏中选择"样式"为"固定比例"、"宽度"为"6"、"高度"为"4" ❷，如图 2-40 所示。

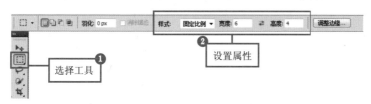

图 2-40 设置工具属性

2. 属性设置完毕后在刚才旋转的图像上创建选区，如图 2-41 所示。

3. 执行菜单中的"图像 > 裁剪"命令，按【Ctrl+D】快捷键去掉选区，得到如图 2-42 所示的效果。

图 2-41 创建选区       图 2-42 二次构图后

**技巧** 在倾斜图像中直接使用▭（标尺工具）创建标尺线后，在属性栏中直接单击"拉直"按钮，可以一次性完成矫正倾斜和二次构图，如图 2-43 所示。（CS5 新增功能）

图 2-43 拉直效果

**技巧** 在倾斜图像中直接使用 ▣（裁剪工具）创建裁剪框后，再调整旋转同样可以快速裁剪并校正倾斜，如图 2-44 所示。（CS5 新增功能）

图 2-44 裁剪

**操作延伸：**

选择 ▦（标尺工具）后，属性栏中会显示针对该工具的一些属性设置，如图 2-45 所示。

图 2-45 标尺工具选项栏

其中的各项含义如下（与之前功能相似的选项这里就不多讲了）。

◉ 坐标：用来显示测量线起点的纵横坐标值。

◉ 距离：用来显示测量线起点与终点的水平和垂直距离。

⊙ 角度：用来显示测量线的角度。

⊙ 夹角线：用来显示第一条和第二条测量线的长度。

⊙ 使用测量比例：用来对计算标尺测量的比例数据。

⊙ 拉直：能够对倾斜的图像进行校正，并对其边缘进行内容识别式的填充修正。（CS5 新增功能）

## 习题与练习

### 习题

1．横幅照片转换成直幅照片可以通过执行菜单中的"图像 > 旋转图像 >90 度顺时针或 90 度逆时针"命令。

2．被复制的图像副本不受原图的影响。

3．透视图像可以通过 ▣（裁剪工具）来快速修正。

### 练习

对图 2-46 进行矫正和二次构图。

素材："素材文件 / 第 2 章 / 倾斜天空 .jpg"。

提示：使用 ▥（标尺工具）、"任意角度"和 ▢（矩形选框工具）。

图 2-46 素材

# 第3章

# 数码照片的修饰与美化

本章重点：
- ⊙ 修饰图像的方法
- ⊙ 仿制图像的方法
- ⊙ 修正图像的方法

本章主要为大家介绍如何使用 Photoshop 对数码照片进行快速修饰与美化的过程。

# 用减淡和加深工具调整图像明暗

当您拍摄的数码照片局部过亮或者过暗时，通过对整体的调整会产生其他位置过量效果，此时只要使用减淡或加深工具便可以对照片的局部进行单独调整而不影响全局。

## 3.1.1 使用减淡工具加亮人物皮肤

在 Photoshop 中使用 可以改变图像中的亮调与暗调，将图像中的像素淡化。原理来源于胶片曝光显影后，经过部分暗化和亮化可改变曝光效果。该工具一般常用在为图片中的某部分像素加亮。使用方法是，在图像中拖动鼠标，鼠标经过的位置就会被加亮，具体操作如下。

**操作步骤：**

1. 执行菜单中的"文件 > 打开"命令或按【Ctrl+O】快捷键，打开随书附带光盘中的"素材文件 / 第 3 章 / 人物 1.jpg，如图 3-1 所示。

图 3-1 人物 1 素材

2. 下面我们就使用 为照片中的人物肤色进行加亮处理，在"工具箱"中选择 ❶，在属性栏中设置"范围"为"中间调"、"曝光度"为 19%、勾选"保护色调"复选框 **2**，如图 3-2 所示。

图 3-2 设置工具属性

3. 设置完属性后，我们可以根据皮肤的范围调整笔刷的大小，再在人物皮肤处进行涂抹，鼠标经过的位置就可以将肤色加亮，如图 3-3 所示。

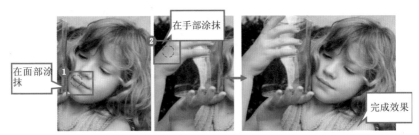

图 3-3 加亮肤色

**操作延伸：**

在工具箱中单击 🔍（减淡工具）后，Photoshop CS5 的属性栏会自动变为 🔍（减淡工具）所对应的选项的设置，通过属性栏可以对该工具进行相应的属性设置，如图 3-4 所示。

图 3-4 减淡工具属性栏

其中的各项含义如下（与之前功能相似的属性这里就不多讲了）。

⊙ 画笔面板：单击该按钮后，系统会自动打开 "画笔" 面板，从中可以对选取的笔触进行更精确地设置。

- ⊙ 范围：用于对图像进行减淡时的范围选取，包括阴影、中间调和高光。选择"阴影"时，加亮的范围只局限于图像的暗部；选择"中间调"时，加亮的范围只局限于图像的灰色调；选择"高光"时，加亮的范围只局限于图像的亮部。
- ⊙ 曝光度：用来控制图像的曝光强度。数值越大，曝光强度就越明显。建议在使用减淡工具时将曝光度设置得尽量小一些。
- ⊙ 喷枪：单击喷枪按钮后，画笔工具在绘制图案时将具有喷枪功能。
- ⊙ 保护色调：对图像进行减淡处理时，可以对图像中存在的颜色进行保护。（CS4 新增功能）
- ⊙ 绘图板压力控制：连接数位板后选择该按钮，可以自动感应绘图笔的压力。

((((● **温馨提示** 使用 🔍（减淡工具）不但适合加亮图像中人物的肤色还可以对图像的背景进行拖动式整体加亮，如图3-5所示。

原图    加亮背景

图 3-5 加亮背景

## 3.1.2 使用加深工具增强图像对比

🖼（加深工具）正好与 🔍（减淡工具）相反，使用该工具可以将图像中的亮度变暗，操作步骤也相同。下面就使用该工具对图像进行加深处理，具体操作如下。

**操作步骤:**

1. 执行菜单中的"文件 > 打开"命令或按【Ctrl+O】快捷键,打开随书附带光盘中的"素材文件 / 第 3 章 / 人物 3.jpg,如图 3-6 所示。

图 3-6 人物 3 素材

2. 下面我们就使用 (加深工具)对图像中的阴影部分进行加深,在"工具箱"中选择 (加深工具),在属性栏中设置"范围"为"阴影"、"曝光度"为 19%、勾选"保护色调"复选框,再在图像的人物帽子、以及后面的丛林上进行涂抹,如图 3-7 所示。(根据像素的范围调整笔刷的大小)

图 3-7 加深图像像素

温馨提示 在使用 (减淡工具)或 (加深工具)对图像进行加亮或增暗的过程中,最好将"曝光度"设置得小一些。

# 3.2

# 使用海绵工具增强图像的鲜艳度

（海绵工具）可以精确地更改图像中某个区域的色相饱和度。当增加颜色的饱和度时，其灰度就会减少，使图像的色彩更加浓烈；当降低颜色的饱和度时，其灰度就会增加，使图像的色彩变为灰度值。该工具一般常用于为图片中的某部分像素增加颜色或去除颜色。使用方法是，在图像中拖动鼠标，鼠标经过的位置就会被加色或去色。如果想增强图像的色彩改变鲜艳度，只要在属性栏中设置"模式"为"饱和"后在图像中涂抹即可，如图 3-8 所示。如果想降低图像的颜色只要设置"模式"为"降低饱和度"后在图像中涂抹即可，如图 3-9 所示。

原图

涂抹后

图 3-8 海绵工具增强图像的鲜艳度

原图

涂抹后

图 3-9 降低饱和度

在工具箱中单击 (海绵工具) 后，Photoshop 的属性栏会自动变为 (海绵工具) 所对应的选项的设置，通过属性栏可以对该工具进行相应的属性设置，如图 3-10 所示。

图 3-10 海绵工具属性栏

其中的各项含义如下（与之前功能相似的属性这里就不多讲了）。

- 模式：用于对图像进行加色或去色的设置属性，下拉列表包括"降低饱和度"和"饱和"。
- 自然饱和度：从灰色调到饱和色调的调整，用于提升饱和度不够的图片，可以调整出非常优雅的灰色调。

> **技巧** 使用 (减淡工具) 或 (加深工具) 时，在键盘中输入相应的数字便可以改变"曝光度"。0 代表"曝光度"为 100%、1 代表"曝光度"为 10%、43 代表"曝光度"为 43%，以此类推只要输入相应的数字就会改变"曝光度"，范围在 1% ~ 100%。 (海绵工具) 改变的是"流量"。

## 使用模糊与锐化工具凸显图像

(模糊工具) 和 (锐化工具) 是两个相反的工具。一个是可以将拖动的区域进行柔化处理，使其显得模糊。原理是降低像素之间的反差。一个是可以增加图像的锐化度，使图像看起来更加清晰。原理是增强像素之间的反差，如图 3-11 所示为模糊与锐化后的效果。

原图

锐化后

图 3-11 模糊与锐化的对比

在工具箱中单击 ⬤（模糊工具）和 △（锐化工具）后，Photoshop的属性栏会自动变为该工具所对应的选项的设置，通过属性栏可以对该工具进行相应的属性设置，如图 3-12 所示。

温馨提示 ⬤（模糊工具）和 △（锐化工具）具有相同的属性栏，这里只介绍 ⬤（模糊工具）。

图 3-12 模糊工具属性栏

其中的各项含义如下（与之前功能相似的属性这里就不多讲了）。

- 模式：用来设置涂抹后的效果与原图的混合模式。
- 强度：用于设置模糊工具对图像的模糊程度，设置的数值越大，模糊的效果就越明显。

## 3.4

# 使用污点修复画笔工具修除背景多余图像

⬛（污点修复画笔工具）一般常用于快速修复图像。该工具的使用方法非常简单，只要将指针移到要修复的位置，按下鼠标拖动即可对图像进行修复，被修复的区域会自动以瑕疵边缘的像素进行智能填充。使用污点修复画笔工具修除背景多余图像的具体操作如下。

**操作步骤：**

1. 执行菜单中的"文件 > 打开"命令或按【Ctrl+O】快捷键，打开随书附带光盘中的"素材文件 / 第 3 章 / 人物 4.jpg"，如图 3-13 所示。从拍摄的照片中我们可以清楚的看到背景中出现了一个路灯杆，下面我们就把它修掉。

图 3-13 人物 4 素材

2. 选择 （污点修复画笔工具），在属性栏中设置"模式"为"正常"，"类型"选择"近似匹配"或"内容识别"都可以，在图像中出现的路灯处进行细致的涂抹，过程如图 3-14 所示。

图 3-14 设置工具属性

3. 涂抹完毕后，松开鼠标系统会自动进行修复，此时发现路灯已经没有了但是与背景还是有很大差别，我们再在图像中进行更加细致的拖动，完成背景的修复，如图 3-15 和图 3-16 所示。

图 3-15 简单修复　　　　图 3-16 细致修复后

4. 再使用 （模糊工具）在除人物以外的区域涂抹，制作出景深效果，如图 3-17 所示。

图 3-17 制作景深效果后

**操作延伸：**

在工具箱中单击 （污点修复画笔工具）后，Photoshop 的属性栏会自动变为 （污点修复画笔工具）所对应的选项的设置，通过属性栏可以对该工具进行相应的属性设置，如图 3-18 所示。

图 3-18 污点修复画笔工具属性栏

其中的各项含义如下（与之前功能相似的属性这里就不多讲了）。

- 模式：用来设置修复时的混合模式，当选择"替换"属性时，可以保留画笔描边的边缘处的杂色、胶片颗粒和纹理。

- 近似匹配：勾选"近似匹配"单选框时。如果没有为污点建立选区，则样本自动采用污点外部四周的像素；如果在污点周围绘制选区，则样本采用选区外围的像素。

- 创建纹理：勾选"创建纹理"单选框时。使用选区中的所有像素创建一个用于修复该区域的纹理。如果纹理不起作用，请尝试再次拖过该区域。

- 内容识别：该属性为智能修复功能，使用工具在图像中涂抹，鼠标经过的位置，系统会自动使用画笔周围的像素将经过的位置进行填充修复，如图 3-19 所示。（CS5 新增功能）

图 3-19 内容识别

**温馨提示** 使用污点修复画笔工具修复图像时最好将画笔调整得比污点大一些。

# 使用修复画笔工具修复图像中的瑕疵

（修复画笔工具）一般常用于修复瑕疵图片。使用该工具进行修复时首先要进行取样（取样方法为按住【Alt】键在图像中单击），再使用鼠标在被修的位置上涂抹。使用样本像素进行修复的同时可以把样本像素的纹理、光照、透明度和阴影与所修复的像素相融合。（修复画笔工具）的使用方法是只要在需要被修复的图像周围按住【Alt】键单击鼠标设置源文件的选取点❶后，松开鼠标将指针移动到要修复的地方按住鼠标跟随目标选取点拖动❷，便可以轻松修复❸，如图 3-20 至图 3-22 所示为修复图像的过程。

图 3-20 取样　　　　　图 3-21 修复过程　　　　　图 3-22 修复完毕

**上机实战** 通过修复画笔工具修复照片中的瑕疵

本次练习主要让大家了解（修复画笔工具）修复图像瑕疵的方法。

**操作步骤：**

1. 执行菜单中的"文件 > 打开"命令或按【Ctrl+O】快捷键，打开随书附带光盘中的"素材文件 / 第 3 章 / 瑕疵照片 .jpg"素材，如图 3-23 所示。

2. 选择 （修复画笔工具）❶，在属性栏中设置"画笔"直径为"15"❷，勾选"取样"单选框❸，设置"模式"为"正常"❹，如图3-24 所示。

图 3-23 素材　　　　图 3-24 设置"修复画笔工具"

3. 首先将照片中面部的瑕疵修复，方法是将鼠标指针移到与面部瑕疵相同色调的位置，按住【Alt】键单击鼠标进行取样❶，如图3-25 所示。

4. 取样后，在取样附近的瑕疵上单击，系统会自动将其修复，如图3-26 所示。

图 3-24 取样　　　　图 3-26 修复

5. 使用同样的方法，在面部不同位置取样，将该取样点边缘的瑕疵修复，如图3-27 所示。

6. 使用同样的方法将照片的背景位置和衣服位置进行修复。至此"通过修复画笔工具修复照片中的瑕疵"案例制作完毕，效果如图3-28 所示。

图 3-27 修复　　　　图 3-28 擦除图像

**温馨提示** 在使用修复画笔工具修复瑕疵照片时，太简洁的方法是没有的，只有通过大家细心地取样和修复才能将有瑕疵的照片还原。

**操作延伸：**

在工具箱中单击修复画笔工具按钮后，Photoshop CS5 的属性栏会自动变为修复画笔工具所对应的选项的设置，通过属性栏可以对该工具进行相应的的属性设置，如图 3-29 所示。

图 3-29 修复画笔工具属性栏

其中的各项含义如下（与之前功能相似的属性这里就不多讲了）。

- 模式：用来设置修复时的混合模式，如果选用"正常"模式，则使用样本像素进行绘画的同时把样本像素的纹理、光照、透明度和阴影与所修复的像素相融合；如果选用"替换"模式，则只用样本像素替换目标像素且与目标位置没有任何融合。（也可以在修复前先建立一个选区，则限定了要修复的范围在选区内而不在选区外。）

- 仿制源面板：用来设置多个取样和不同仿制效果，具体讲解请参考本章仿制图像。

- 取样：勾选"取样"必须按【Alt】键单击取样并使用当前取样点修复目标。

- 图案：可以在"图案"列表中选择一种图案来修复目标。

- 对齐：当勾选该项后，只能用一个固定位置的同一图像来修复。

- 样本：选择选取复制图像时的源目标点。包括当前图层、当前图层和下面图层与所有图层三种。

- 当前图层：正在处于工作中的图层。
- 当前图层和下面图层：处于工作中的图层和其下面的的图层。
- 所有图层：将多图层文件看做为单图层文件。
- ⊙ 忽略调整图层：单击该按钮，在修复时可以将调整图层忽略。

# 使用修补工具修掉照片中的日期

（修补工具）修复的效果与（修复画笔工具）类似，只是使用方法不同，该工具的使用方法是通过创建的选区来修复目标或源，如图3-30 所示。该工具一般常用于快速修复瑕疵较少的图片。

图 3-30 修补工具修复

**上机实战** 通过修补工具去除照片中的日期

本次练习主要让大家了解  （修补工具）修复图像中瑕疵的方法。

**操作步骤：**

1.执行菜单中的"文件 > 打开"命令或按【Ctrl+O】快捷键，打开随书附带光盘中的"素材文件/第3章/带日期的照片.jpg"素材，如图 3-31所示。从照片中能够看到拍摄日期，下面我们就使用 Photoshop 快速修掉日期。

图 3-31 素材

2.使用 （修补工具）❶，在属性栏中设置"修补"为"源"❷，在照片日期处绘制修补选区❸，如图 3-32 所示。

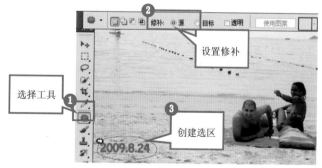

图 3-32 修补选区

技巧 使用 ▦（修补工具）创建选区过程中起点和终点未相交时，松开鼠标终点和起点会自动以直线的形式创建封闭选区。

技巧 使用其他选区工具创建的选区，仍然可以应用 ▦（修补工具）来修补图像。

3. 修补选区创建完毕后，松开鼠标，将鼠标拖动到选区内❹，按住鼠标向沙滩处拖动❺，如图 3-33 所示。

图 3-33 拖动

4. 松开鼠标完成修补，如图 3-34 所示。

图 3-34 修补后

5. 按【Ctrl+D】快捷键去掉选区，完成本例的修整，效果如图 3-35 所示。

图 3-35 最终效果

**操作延伸：**

在"工具箱"中单击 （修补工具）后，Photoshop 的属性栏会自动变为 （修补工具）所对应的选项的设置，通过属性栏可以对该工具进行相应的属性设置，如图 3-36 所示。

图 3-36 修补工具属性栏

其中的各项含义如下（与之前功能相似的属性这里就不多讲了）。

- ⊙ 选区模式：用来设置多选区共存效果。
- ⊙ 源：指要修补的对象是现在选中的区域。
- ⊙ 目标：与"源"相反，要修补的是选区被移动后到达的区域而不是移动前的区域。
- ⊙ 透明：如果不选该项，则被修补的区域与周围图像只在边缘上融合，而内部图像纹理保留不变，仅在色彩上与原区域融合；如果选中该项，则被修补的区域除边缘融合外，还有内部的纹理融合，即被修补区域好像做了透明处理，如图 3-37 所示。

图 3-37 透明修补

◉ 使用图案：单击该按钮，被修补的区域将会以后面显示的图案来
修补，如图 3-38 所示。

图 3-38 使用图案

温馨提示 使用 ▦（修补工具）时，只有创建完选区后，"使用图案"属性才会被激活。

# 3.7

# 修除数码照片中的红眼

红眼的现象是因为闪光灯打在眼睛的视网膜后的微血管组织上所反射回来的自然现象，只要是"镜头"与"闪光灯 "之间的夹角设计得太小，便很容易产生"红眼"的现象，在 Photoshop 中使用 (红眼工具)可以将在数码相机相照相过程中产生的红眼睛效果轻松去除并与周围的像素相融合。该工具的使用方法非常简单，只要在红眼上单击鼠标即可将红眼去掉，如图 3-39 所示。

瞳孔大小为50%、变暗量为50%。在两只眼睛上单击

图 3-39 红眼工具清除红眼

在工具箱中单击 (红眼工具)后，Photoshop 的属性栏会自动变为 (红眼工具)所对应的选项的设置，通过属性栏可以对该工具进行相应的属性设置，如图 3-40 所示。

图 3-40 红眼工具属性栏

其中的各项含义如下（与之前功能相似的属性这里就不多讲了）。

- ◎ 瞳孔大小：用来设置眼睛的瞳孔或中心的黑色部分的比例大小，数值越大黑色范围越广。
- ◎ 变暗量：用来设置瞳孔的变暗量，数值越大越暗。

# 仿制图像

### 3.8.1 仿制图章工具

我们在处理照片时，有时总会有一种想在同一画面中出现两个人物的冲动。此时 Photoshop 中的 ![] （仿制图章工具）就能实现您的愿望。

Photoshop 中的 ![] （仿制图章工具）一般常用于对图像中的某个区域进行复制。使用 ![] （仿制图章工具）复制图像时可以是同一文档中的同一图层，也可以是不同图层，还可以是在不同文档之间进行复制。该工具的使用方法与 ![] （修复画笔工具）的使用方法一致（取样方法都是按住【Alt】键），如图 3-41 所示。

跟随目标点仿制

完成

取样

图 3-41 仿制过程

温馨提示　在 CS5 版本中取样后，选择仿制位置时，在画笔的圆圈中会出现被仿制的图像像素，这样更有利于对齐背景，如图 3-42 所示。（CS5 新增功能）

3-42 可视笔刷

))) ● **温馨提示** 在（修复画笔工具）没有出现的版本中，（仿制图章工具）是修复图像的首选工具。

■■ **上机实战** 通过仿制图章工具仿制照片中的人物

本次练习主要让大家了解 🔳（仿制图章工具）在仿制图像中局部像素的方法。

**操作步骤：**

1. 执行菜单中的"文件 > 打开"命令或按【Ctrl+O】快捷键，打开随书附带光盘中的"素材文件 / 第 3 章 / 观海 .jpg"素材，如图 3-43 所示。下面我们将照片中的人物再仿制一个。

图 3-43　素材

2. 新建一个图层 1 ❶，选择 🔳（仿制图章工具）❷，在属性栏设置参数 ❸，在图像中人物坐着的椅子与海面部位按住【Alt】键进行取样 ❹，如图 3-44 所示。

))) ● **温馨提示** 在此处取样的好处是为了方便对齐。

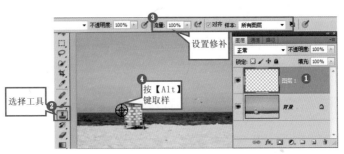

图 3-44 取样

3. 松开【Alt】键后，移动鼠标到图像的左部海面处，按住鼠标左键进行拖动即可对其进行复制，如图 3-45 所示。

图 3-45 仿制

4. 仿制过程，如图 3-46 所示。

图 3-46 仿制过程

5. 至此本实例制作完毕，效果如图 3-47 所示。

图 3-47 最终效果

**操作延伸：**

在工具箱中单击 ![图标]（仿制图章工具）后，Photoshop 的属性栏会自动变为 ![图标]（仿制图章工具）所对应的选项的设置，通过属性栏可以对该工具进行相应的属性设置，如图 3-48 所示。

图 3-48 仿制图章工具属性栏

其中的各项含义如下（与之前功能相似的属性这里就不多讲了）。

⊙ 切换画笔面板：单击能够打开"画笔"面板，在其中可以设置相应画笔选项，如图 3-49 所示。

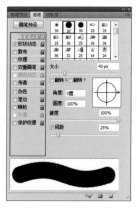

图 3-49 画笔面板

### 3.8.2 仿制源面板

通过"仿制源"面板可以将仿制的图像进行缩放、旋转、位移等设置，还可以设置多个取样点。在 属性栏中单击"仿制源面板"按钮或执行菜单中的"窗口 > 仿制源"命令，都能打开"仿制源"面板，如图 3-50 所示。

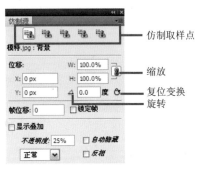

图 3-50 "仿制源"面板

其中的各项含义如下（与之前功能相似的属性这里就不多讲了）。

- ⊙ 仿制取样点：用来设置取样复制的采样点，可以在 5 个仿制取样点中分别设置一个不同的取样点。
- ⊙ 位移：用来设置复制源在图像中的坐标值。
- ⊙ 缩放：用来设置被仿制图像的缩放比例。
- ⊙ 旋转：用来设置被仿制图像的旋转角度。
- ⊙ 复位变换：单击该按钮，可以清除设置的仿制变换。
- ⊙ 帧位移：设置动画中帧的位移。
- ⊙ 锁定帧：将被仿制的帧锁定。
- ⊙ 显示叠加：勾选该复选框，可以在仿制的时候显示预览效果。
- ⊙ 不透明度：用来设置仿制复制的同时会出现采样图像的图层的不透明度。
- ⊙ 模式：显示仿制采样图像的混合模式。

- ⊙ 自动隐藏：仿制时将叠加层隐藏。
- ⊙ 反相：将叠加层的效果以负片显示。

# 替换车身的颜色

在 Photoshop 中能够替换图像颜色的工具只有 （颜色替换工具），该工具一般常用于快速替换图像中的局部颜色。使用 （颜色替换工具）可以十分轻松地将图像中颜色按照设置的"模式"替换成"工具箱"中的前景色，使用方法是在图像中涂抹，下面具体讲解一下使用该工具为汽车车身替换颜色。

**操作步骤：**

1. 执行菜单中的"文件 > 打开"命令或按【Ctrl+O】快捷键，打开随书附带光盘中的"素材文件/第3章/汽车.jpg"素材，如图3-51所示。

2. 在工具箱中选择 （颜色替换工具）❶，设置"前景色"为绿色（R:143，G:220，B:101）❷，在属性栏中单击"一次取样" 按钮、设置"模式"为"颜色"、设置"容差"为"40%"❸，如图3-52所示。

图 3-51 素材

设置前景色为（R:255 G:164 B:34）

图 3-52 设置颜色替换工具

3. 设置相应的画笔直径在汽车的车身上按下鼠标❹，如图3-53所示。

4. 在整个车身上进行涂抹，如图3-54所示。

图 3-53 选择替换点          图 3-54 替换过程

5. 此时会发现还有没被替换的位置，松开鼠标后，到没有被替换的部位，按下鼠标继续拖动，直到完全替换为止，效果如图3-55所示。

图 3-55 最终效果

**温馨提示** 在使用 📷（颜色替换工具）替换图像中的颜色时，在替换过程中如果有没被替换的部位，只要将属性栏中的"容差"设置得大一些，就可以完成一次性替换。

**操作延伸：**

在工具箱中单击 （颜色替换工具）后，Photoshop 的属性栏会自动变为 （颜色替换工具）所对应的选项的设置，通过属性栏可以对该工具进行相应的属性设置，如图 3-56 所示。

取样

图 3-56 颜色替换工具属性栏

其中的各项含义如下（与之前功能相似的属性这里就不多讲了）。

◉ 模式：用来设置替换颜色时的混合模式。包括色相、饱和度、颜色和明度，如图 3-57 所示的效果为前景色设置为"绿色"时的混合效果。

色相    饱和度    颜色    明度

图 3-57 替换颜色的混合效果

◉ 取样：用来设置替换图像颜色的方式。包括连续、一次和背景色板。

- 连续：可以将鼠标经过的所有颜色作为选择色，如图 3-58 所示。

- 一次：在图像上需要替换的颜色上按下鼠标，此时选取的颜色将自动作为替换色，只要不松手即可一直在图像上替换该颜色区域，如图 3-59 所示。

- 背景色板：选择此项后，只能替换与背景色一样的颜色区域，如图 3-60 所示。

图 3-58 连续　　　　　　图 3-59 一次

图 3-60 背景色板

- ◉ 限制：用来设置替换颜色时的限制条件。在限制下拉列表中包括不连续、连续和查找边缘。
  - • 不连续：可以在选定的色彩范围内多次重复替换。
  - • 连续：在选定的色彩范围内只可以进行一次替换，也就是说必须在选定颜色后连续替换。
  - • 查找边缘：替换图像时可以更好保留图像边缘的锐化程度。
- ◉ 容差：用来设置替换图像中颜色的准确度，数值越大，替换的颜色范围就越广，可输入的数值范围是 0% ~ 100%。
- ◉ 保护前景色：勾选该复选框后，图像中与前景色一致的颜色将不会被替换掉。
- ◉ 消除锯齿：勾选该复选框后，替换颜色的边缘会比较平滑。

**3.10**

# 通过历史记录画笔表现局部

## 3.10.1 历史记录画笔工具

在 Photoshop 中 ![icon]（历史记录画笔工具）默认会自动将操作还原到上一步时的效果，方法是在图像中涂抹，鼠标指针经过的区域会自动还原，如图 3-61 所示。使用 ![icon]（历史记录画笔工具）结合"历史记录"面板可以很方便地恢复图像之前任意操作，才能更方便地发挥该工具功能，如图 3-62 所示。此时恢复的是模糊时的步骤，恢复时要尽量降低"属性栏"中流量和不透明度的数值。

图 3-61 还原局部

原图

图 3-62 历史记录画笔工具运用

**上机实战** 凸显图像的局部效果

本次练习主要让大家了解 （历史记录画笔工具）在凸显图像局部的方法。

**操作步骤：**

1. 执行菜单中的"文件 > 打开"命令或按【Ctrl+O】快捷键，打开随书附带光盘中的"素材文件/第3章/彩发.jpg"素材，如图3-63所示。

图 3-63　素材　　　　　图 3-64　去色

2. 执行菜单中的"图像 > 调整 > 去色"命令，将素材变为黑白效果，如图3-64所示。

3. 在"工具箱"中选择 （历史记录画笔工具）❶，在人物头发上进行涂抹❷，如图3-65所示。

选择工具

在头发上涂抹

图 3-65　还原

4. 在整个彩发上进行涂抹，根据像素的大小随时改变画笔的直径，如图 3-66 所示。

图 3-66 还原过程

5. 在整个彩发上涂抹后，完成效果的制作，如图 3-67 所示。

图 3-67 最终效果

## 3.10.2 历史记录面板

在 Photoshop 软件中，"历史记录"面板可以记录所有的制作步骤。执行菜单中的"窗口 > 历史记录"命令，即可打开"历史记录"面板，如图 3-68 所示。

其中的各项含义如下（与之前功能相似的属性这里就不多讲了）。

◉ 打开时的效果：显示最初刚打开时的文档效果。

Photoshop学习掌中宝教程

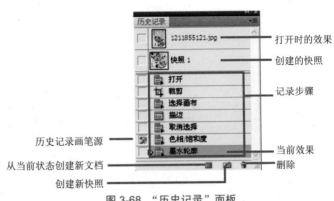

历史记录

1211855121.jpg — 打开时的效果

快照 1 — 创建的快照

打开
裁剪
选择画布 — 记录步骤
描边
取消选择
历史记录画笔源 — 色相/饱和度
从当前状态创建新文档 — 墨水轮廓 — 当前效果
创建新快照 — 删除

图 3-68 "历史记录"面板

- 创建的快照：用来显示创建快照的效果。
- 记录步骤：用来显示操作中出现的命令步骤，直接选择其中的命令就可以在图像中看到该命令得到的效果。
- 历史记录画笔源：在面板前面的图标上单击，可以在该图标上出现画笔图标，此图标出现在什么步骤前面就表示该步骤为所有以下步骤的新历史记录源。此时结合 （历史记录画笔工具）就可以将图像或图像的局部恢复到出现画笔图标时的步骤效果。
- 当前效果：显示选取步骤时的图像效果。
- 从当前状态创建新文档：单击此按钮可以为当前操作出现的图像效果创建一个新的图像文件。
- 创建新快照：单击此按钮可以为当前操作出现的图像效果建立一个照片效果存在于面板中。

((( ● 温馨提示 在"历史记录"面板中新建一个执行到此命令时的图像效果快照，可以保留此状态下的图像不受任何操作的影响。

- 删除：选择某个状态步骤后，单击此按钮就可以将其删除；或直接拖动某个状态步骤到该按钮上同样可以将其删除。

# 3.11

## 习题与练习

### 习题

1. 减淡工具和下面的哪个工具是基于调节照片特定区域的曝光度的传统摄影技术，可用于使图像区域变亮或变暗？

    A. 渐变工具    B. 加深工具    C. 锐化工具    D. 海绵工具

2. 通过选区修复图像瑕疵的工具是哪个？

    A. 修补工具               B. 修复画笔工具

    C. 污点修复画笔工具       D. 海绵工具

### 练习

使用"历史记录画笔工具与海绵工具"对下图进行局部保留颜色。

素材："素材文件 / 第 6 章 / 足球 .jpg"

提示：去色后使用 （历史记录画笔工具）在蓝色人物上涂抹，再使用 （海绵工具）在彩色图像上增强饱和度，如图 3-69 和图 3-70 所示。

图 3-69 素材

图 3-70 将蓝衣人物保留颜色

第3章 数码照片的修饰与美化

103

# 第4章

# 在图像中进行添加与删除

本章重点：
- ⊙ 画笔工具的方法
- ⊙ 擦除工具的方法
- ⊙ 填充工具的方法

Photoshop 中的填充指的是在被编辑的文件中，对整体或局部使用单色、多色或复杂的图像进行覆盖，而擦除正好与之相反，是用于将图像的整体或局部进行清除。

本章主要介绍 Photoshop 中关于填充与擦除方面的知识。

# 定义画笔并绘制图案

当您使用画笔绘画时不可能总是使用一种笔刷进行创作，Photoshop 默认已经为大家提供了很多的画笔笔刷供大家进行绘制使用，但总是觉得不够，此时我们还可以将键入的文字或置入的素材作为需要的笔刷进行定义，以便日后使用。

## 4.1.1 绘制默认画笔

![画笔工具图标]（画笔工具）一般常用于绘制预设画笔笔尖图案或绘制不太精确的线条。该工具的使用方法与现实中的画笔较相似，只要选择相应的画笔笔尖后，在文档中按下鼠标进行拖动便可以进行绘制，被绘制的笔触颜色以前景色为准，如图 4-1 所示。

**2** 起始点

**1** 前景色

**3** 鼠标经过

图 4-1　画笔绘制

**技巧**　使用![画笔工具图标]（画笔工具）绘制线条时，按住【Shift】键可以以水平、垂直的方式绘制直线。

**温馨提示**　![画笔工具图标]（画笔工具）可以将预设的笔尖图案直接绘制到当前的图像中，也可以将其绘制到新建的图层内。

**操作延伸：**

在工具箱中单击 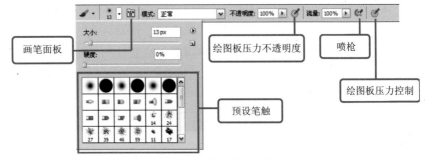（画笔工具）后，Photoshop 的属性栏会自动变为 （画笔工具）所对应的选项的设置，通过属性栏可以对该工具进行相应的属性设置，如图 4-2 所示。

图 4-2 画笔工具属性栏

其中的各项含义如下（与之前功能相似的选项这里就不多讲了）。

◉ 绘图板压力不透明度：连接数位板后，启动该选项可以自动按照绘画笔的压力应用不透明度效果。

◉ 预设笔触：用来设置系统默认的画笔笔触。

## 4.1.2 绘制其他预设画笔笔触

（画笔工具）不但能够直接绘制默认的预设画笔笔触，还可以选择其他类型的画笔笔触进行绘制，绘制方头笔触的方法如下：

**操作步骤：**

1. 新建一个空白文档，选择（画笔工具）后，在属性栏中单击"画笔预设"按钮❶，在预设面板中单击"弹出"按钮❷，在弹出的子菜单中选择"方头画笔"❸，如图 4-3 所示。

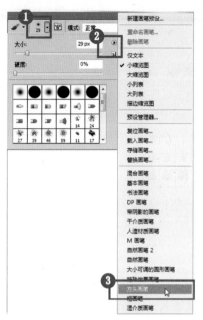

图 4-3 选择画笔

2. 选择"方头画笔"后，系统会弹出如图 4-4 所示的对话框。

图 4-4 对话框

温馨提示 单击"取消"按钮，系统会停止选择新选择的画笔。

3. 单击"确定"按钮可以将之前的画笔预设组替换，单击"追加"按钮，在弹出的对话框中单击"确定"按钮，可以将两个画笔组中的内容一同显示，效果如图 4-5 所示。

4. 选择一款笔触后，在画布上拖动会看到选择的笔触已经被绘制出来，如图4-6所示。

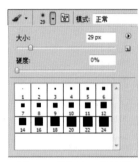

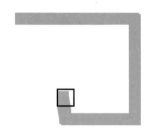

图 4-5 替换的画笔笔触　　　　　　图 4-6 绘制画笔

### 4.1.3 自定义画笔并绘制

在使用 （画笔工具）进行绘画时，有时候在"预设"面板中没有需要的画笔笔触，那么这时就要自己动手将需要图案定义成画笔笔触。本次练习就教大家如何自定义自己喜欢的图案为画笔笔触。

**操作步骤：**

1. 执行菜单中的"文件 > 打开"命令或按【Ctrl+O】快捷键，打开随书附带光盘中的"素材文件/第4章/卡通图.jpg"素材，如图4-7所示。

2. 打开素材后，执行菜单中的"编辑 > 定义画笔预设"命令，可以打开"画笔名称"对话框，设置"名称"为"卡通狗" ❶，单击"确定"按钮❷，如图4-8所示。

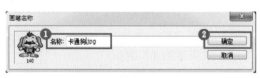

图 4-7 素材　　　　　　图 4-8 画笔名称对话框

3. 单击"确定"按钮后，打开"画笔"下拉列表，在预设部位就可以看到"卡通狗"笔触了，如图4-9所示。

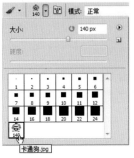

图 4-9  画笔笔触

4. 新建空白文档，选择"卡通狗"笔触在画布上进行单击绘制，效果如图4-10所示。

图 4-10  绘制画笔

## 4.1.4  画笔绘制技巧

在使用 ![画笔工具]（画笔工具）进行绘画时，有时在绘制时会对其进行一些设置，这样可以更加完美的绘制画笔笔触，相应的设置可以在"画笔"面板中完成。

### 画笔预设

选择 ![画笔工具]（画笔工具）后，按【F5】键即可打开"画笔"面板，在"画笔"面板中选择"画笔预设"选项时，系统会自动打开"画笔预设"面板，此时在面板中会显示当前画笔预设组中的画笔笔触，如图4-11所示。

图 4-11　画笔预设选项

其中的各项含义如下（与之前功能相似的选项这里就不多讲了）。

- 画笔笔触列表：显示当前画笔预设组中的所有笔触，在图标上单击即可选择该笔触。

- 主直径：用来设置画笔笔触大小。

### 画笔笔尖形状

选择该选项后，面板中会出现画笔笔尖形状对应的参数值，如图4-12 所示。

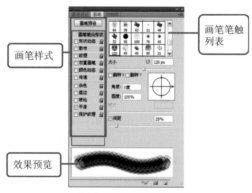

图 4-12　画笔笔尖形状选项

其中的各项含义如下（与之前功能相似的选项这里就不多讲了）。

⊙ 画笔样式：用来显示对画笔的调整选项。

⊙ 效果预览：用来对设置的笔触进行预览。

⊙ 直径：用来设置画笔笔尖大小。

⊙ 使用取样大小：单击该按钮，可以将画笔笔尖直径以预设的大小显示。

⊙ 翻转 $x$、$y$：将画笔笔尖延 $x$、$y$ 轴上的方向进行翻转，如图 4-13 所示。

图 4-13 翻转效果

⊙ 角度：用来设置画笔笔尖延水平方向上的角度。

⊙ 圆度：用来设置画笔笔尖的长短轴的比例，当圆度值为 100% 时，画笔笔尖为圆形，为 0% 时，画笔笔尖为线性，介于两者之间时成椭圆形。

⊙ 硬度：用来设置画笔笔尖硬度中心的大小，数值越大，画笔笔尖边缘越清晰，取值范围是 0% ～ 100%。

⊙ 间距：用来设置画笔笔尖之间的距离，数值越大，画笔笔尖之间的距离就越大，取值范围是 1% ～ 1000%，如图 4-14 所示。

图 4-14 不同间距的绘制效果

**形状动态**

选择该选项后，面板中会出现形状动态对应的参数值，如图 4-15 所示。

图 4-15 形状动态选项

其中的各项含义如下（与之前功能相似的选项这里就不多讲了）。

◉ 大小抖动：用来设置画笔笔尖大小之间变化的随机性，数值越大，变化越明显。

◉ 大小抖动控制：在下拉菜单中可以选择改变画笔笔尖大小的变化方式。

- 关：不控制画笔笔尖的大小变化。

- 渐隐：可指定数量的步长在初始直径和最小直径之间渐隐画笔笔迹的大小。每个步长等于画笔笔尖的一个笔尖。取值范围是从 1～9999。如图 4-16 所示的图像分别是步长为 5 和 8 时的效果。

图 4-16 渐隐

- 钢笔压力、钢笔斜度和光轮笔：基于钢笔压力、钢笔斜度、钢笔拇指轮位置来改变初始直径和最小直径之间画笔笔尖的大小。这几项只有安装了数位板或感压笔时才可以产生效果。

◉ 最小直径：指定当启用"大小抖动"或"控制"时画笔笔尖可以缩放的最小百分比。可通过输入数值或使用拖动滑块来改变百分比。数值越大，变化越小。

⦿ 倾斜缩放比例：在"控制"下拉菜单中选择"钢笔斜度"后此项才可以使用。在旋转前应用于画笔高度的比例因子。可通过输入数值或使用拖动滑块来改变百分比。

⦿ 角度抖动：设置画笔笔尖随机角度的改变方式，如图4-17所示。

图4-17 角度抖动

⦿ 角度抖动控制：在下拉菜单中可以选择设置角度的动态控制。

  • 关：不控制画笔笔尖的角度变化。

  • 渐隐：可按指定数量的步长在 0 ~ 360° 渐隐画笔笔尖角度。如图4-18所示的图像从左到右分别是渐隐步长为1、3、6时的效果。

图4-18 角度渐隐

  • 钢笔压力、钢笔斜度、光轮笔和旋转：基于钢笔压力、钢笔斜度、钢笔拇指轮位置或钢笔的旋转在 0 ~ 360° 改变画笔笔尖角度。这几项只有安装了数位板或感压笔时才可以产生效果。

  • 初始方向：使画笔笔尖的角度基于画笔描边的初始方向。

  • 方向：使画笔笔尖的角度基于画笔描边的方向。

⦿ 圆度抖动：用来设定画笔笔尖的圆度在描边中的改变方式，如图4-19所示。

图4-19 圆度抖动

⦿ 圆度抖动控制：在下拉菜单中可以选择设置画笔笔尖圆度的变化。

- 关：不控制画笔笔尖的圆度变化。
- 渐隐：可按指定数量的步长在 100% 和"最小圆度"值之间渐隐画笔笔尖的圆度。如图 4-20 所示的图像分别是渐隐步长为 1 和 10 的效果。

图 4-20 圆度渐隐

- 钢笔压力、钢笔斜度、光轮笔和旋转：基于钢笔压力、钢笔斜度、钢笔拇指轮位置或钢笔的旋转在 100% 和"最小圆度"值之间改变画笔笔尖圆度。这几项只有安装了数位板或感压笔时才可以产生效果。

◉ 最小圆度：用来设置"圆度抖动"或"圆度控制"启用时画笔笔尖的最小圆度。

- "画笔"面板中的其他可设置选项，只要在"画笔样式"选项中选择相应的选项，就可以在右面的参数设置区对其进行调整，只要大家认真练习就可以了解其中门道，如图 4-21 至图 4-25 所示的图像分别为散布、纹理、双重画笔、颜色动态和传递的部分演示效果。

图 4-21 散布　　　　图 4-22 纹理　　　　图 4-23 双重画笔

图 4-24 颜色动态 　　　　　　　　图 4-25 传递

### 杂色

"杂色"选项可以为画笔笔尖添加随机性的杂色效果。

### 湿边

"湿边"选项可以沿画笔描边的边缘增大油彩量,从而创建水彩效果。

### 喷枪

"喷枪"选项可以用于对图像应用渐变色调,以模拟传统的喷枪手法。

### 平滑

"平滑"选项可以在画笔描边中产生较平滑的曲线。当使用光笔进行快速绘画时,此选项最有效。但是它在描边渲染中可能会导致轻微的滞后。

### 保护纹理

"保护纹理"选项可以对所有具有纹理的画笔预设应用相同的图案和比例。选择此选项后,在使用多个纹理画笔笔尖绘画时,可以模拟出一致的画布纹理。

### 硬毛刷画笔预览(CS5 新增功能)

在 Photoshop CS5 中,当您使用绘画工具时,会发现默认状态下"画笔"面板中增加了几个硬毛刷画笔,这几个画笔可以通过"画笔"面板中的"切换硬毛刷画笔预览"按钮来进行绘制时的效果预览,如图 4-26 所示的效果为显示预览时的笔刷效果。

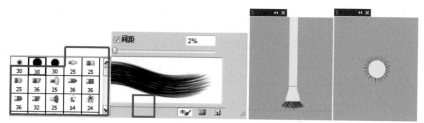

图 4-26 预览时的画笔

# 4.2

# 前景色的设置与填充的应用

许多工具在应用时都会与前景色进行关联,比如 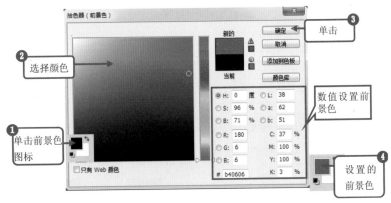（画笔工具）,绘制图像时图案的颜色就是"工具箱"中的"前景色",而填充命令可以将前景色、背景色或是图案等直接对整体或局部进行填充。

## 4.2.1 快速设置前景色

在"工具箱"中的"前景色"图标上单击,系统就会弹出如图 4-27 所示的"拾色器(前景色)"对话框,在对话框中可以根据需要设置指定的前景色,单击"确定"按钮即可完成前景色的设置。

图 4-27 "拾色器(前景色)"对话框

## 4.2.2 取样设置前景色

打开一张自己喜欢的图片,在"工具箱"中选择 （吸管工具）,在图像的某种颜色上单击,此时被单击区域的颜色就会自动变为前景色,如图 4-28 所示。

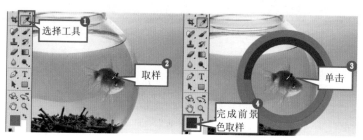

图 4-28 取样前景色

**技巧** 取样颜色时按住【Alt】键，系统会自动将单击的颜色设置为"背景色"。

### 4.2.3 "颜色"调板

"颜色"调板可以显示当前前景色和背景色的颜色值。使用"颜色"调板中的滑块，可以利用几种不同的颜色模型来编辑前景色和背景色。也可以从显示在调板底部的四色曲线图中的色谱中选取前景色或背景色。执行菜单中的"窗口 > 颜色"命令，即可打开"颜色"调板，如图 4-29 所示。

图 4-29 "颜色"调板

其中的各项含义如下（与之前功能相似的选项这里就不多讲了）。

◉ 前景色：显示当前的前景色，单击此按钮，会打开"拾色器"对话框，在其中可以设置前景色或拖动"颜色"调板中的"滑块"，也可以在"四色曲线图"中设置前景色，如图 4-30 所示。

图 4-30 设置前景色

- 背景色：显示当前的背景色，设置方法与前景色相同。
- 四色曲线图：将光标移到该色条上，单击鼠标就可以直接设置前景色，按住【Alt】键在四色曲线图上单击鼠标就可以直接设置背景色。
- 滑块：可以直接拖动控制滑块确定颜色。
- 弹出菜单：单击该按钮可以打开"颜色"调板的弹出菜单，如图 4-31 所示。选择不同颜色模式滑块后，"颜色"调板会变成该模式对应的样式，如图 4-32 所示。

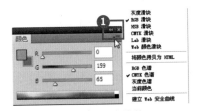

图 4-31 弹出菜单

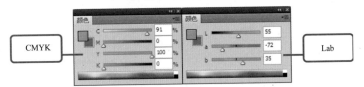

图 4-32 不同颜色模式滑块下的"颜色"调板

温馨提示 当您选取不能使用 CMYK 油墨打印的颜色时，四色曲线图左侧上方将出现一个内含惊叹号的三角形 ⚠；当选取的颜色不是 Web 安全色时，四色曲线图左侧上方将出现一个立方体 🧊。

### 4.2.4 "色板"调板

"色板"调板可存储您经常使用的颜色。您可以在调板中添加或删除颜色，或者为不同的项目显示不同的颜色库。执行菜单中的"窗口 > 色板"命令，即可打开"色板"调板，如图 4-33 所示。

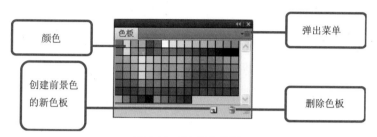

图 4-33 "色板"调板

其中的各项含义如下（与之前功能相似的选项这里就不多讲了）。

- ◉ 颜色：在颜色中选择相应的颜色后单击，便可以用此颜色替换当前前景色。
- ◉ 创建前景色的新色板：单击此按钮可以将设置的前景色保存到"色板"调板中。
- ◉ 弹出菜单按钮：单击该按钮可以弹出菜单，在其中可以选择其他颜色库。
- ◉ 删除色板：在"色板"调板中选择颜色后拖动到此按钮上，可以将其删除。

### 4.2.5 填充命令

在 Photoshop 中通过"填充"命令可以为图像填充前景色、背景色图案等，如果图像中存在选区的话，那么被填充的区域只局限在选区内，执行菜单中"编辑 > 填充"命令，系统会打开如图 4-34 所示的"填充"对话框。

Photoshop学习掌中宝教程

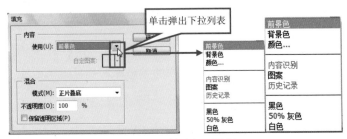

图 4-34 "填充"对话框

对话框中的各项含义如下(重复或大致相同的选项设置就不做介绍了):

◉ 内容:包含填充的选项。

- 使用:使用类型包括"前景色"、"背景色"、"颜色"、"内容识别"、"图案"、"历史记录"、"黑色"、"50% 灰色"和"白色"。

温馨提示 选择"历史记录"选项后,可以将选中的区域恢复到"历史"调板中的任意步骤并完成快速填充。

- 自定图案:用来设置填充的图案,在"使用"选项中选择"图案"❶后,"自定图案"才会被激活,单击右边的下拉三角按钮❷会弹出"图案"选项面板,在其中可以选择要填充的图案,单击弹出菜单按钮❸,在弹出的菜单中可以选择其他的图案库进行载入并选择填充,如图 4-35 所示。

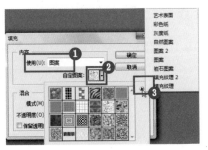

图 4-35 图案选项面板

单击即可替换

单击即可取消替换

单击可在当前图案中增加选择的图案

图 4-36 提示对话框

◉ 混合：设置填充时的混合模式、不透明度等。

- 模式：用来设置填充时的混合模式。
- 不透明度：用来设置填充时图案的不透明度。
- 保留透明区域：勾选此复选框后，填充时只对选区或图层中有像素的部分起作用，空白处不会被填充。

## 4.2.6 填充工具

在 Photoshop 中能够用来填充单色或图案的工具只有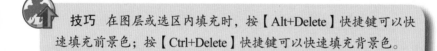（油漆桶工具）。使用（油漆桶工具）可以将图层、选区或打开图像颜色相近的区域填充前景色或者图案，只要使用该工具在图像上单击就可以填充前景色或图案，如图 4-37 所示。

前景色

图案

图 4-37 油漆桶工具填充

**操作延伸：**

在"工具箱"中单击 (油漆桶工具)后，Photoshop 的属性栏会自动变为 (油漆桶工具)所对应的选项的设置，通过属性栏可以对该工具进行相应的属性设置使其更加好用，如图 4-38 所示。

填充

图 4-38 油漆桶工具属性栏

其中的各项含义如下（与之前功能相似的选项这里就不多讲了）。

- ⊙ 填充：用于为图层、选区或图像选取的填充类型，包括前景色和图案。
  - 前景：与"工具箱"中的前景色保持一致，填充时会以前景色进行填充。
  - 图案：以预设的图案作为填充对象，只有选择该选项时，后面的图案拾色器才会被激活，填充时只要单击倒三角形按钮❶，即可在打开的"图案拾色器"中选择要填充的图案，如图 4-39 所示。

图 4-39 图案填充选项

- 容差：用于设置填充时的填充范围，在选框中输入的数值越小，选取的颜色范围就越接近；输入的数值越大，选取的颜色范围就越广。取值范围是 0 ～ 255。

- 连续的：用于设置填充时的连惯性，如图 4-40 所示的图像为勾选"连续的"复选框时的填充效果；如图 4-41 所示的图像为不勾选"连续的"复选框时的填充效果。

容差为 20，勾选连续的

容差为 20，勾选连续的

图 4-40 连续　　　　　　　图 4-41 不连续

技巧　如果在图层中填充但又不想填充透明区域，只要在"图层"调板中锁定该图层的透明区域就行了。

- 所有图层：勾选该复选框，可以将多图层的文件看做与单图层文件一样填充，不受图层限制。

## 渐变色的填充

在 Photoshop 中能够填充渐变色的工具只有　（渐变工具）。使用　（渐变工具）可以在图像中或选区内填充一个逐渐过渡的颜色，可以是一种颜色过渡到另一种颜色；也可以是多个颜色之间的相互过渡；也可以是从一种颜色过渡到透明或从透明过渡到一种颜色。渐变样式千变万化，大体可分为五大类，包括：线性渐变、径向渐变、角度渐变、对称渐变和菱形渐变。

**操作延伸：**

在"工具箱"中单击 （渐变工具）后，Photoshop 的属性栏会自动变为（渐变工具）所对应的选项的设置，通过属性栏可以对该工具进行相应的属性设置，如图 4-42 所示。

图 4-42 渐变工具属性栏

其中的各项含义如下（与之前功能相似的选项这里就不多讲了）。

⊙ 渐变类型：用于设置不同渐变样式填充时的颜色渐变，可以从前景色到背景色，也可以自定义渐变的颜色，或者是由一种颜色到透明，只要单击"渐变类型"图标右面的倒三角形❶，即可打开"渐变拾色器"列表框，从中间可以选择要填充渐变类型，如图 4-43 所示。

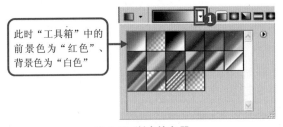

图 4-43 渐变拾色器

⊙ 渐变样式：用于设置填充渐变颜色的形式，包括：线性渐变、径向渐变、角度渐变、对称渐变和菱形渐变。

- 模式：用来设置填允渐变色与图像之间的混合模式，如图 4-44 所示的效果是在图像中以"正片叠底"的模式进行径向渐变填充。

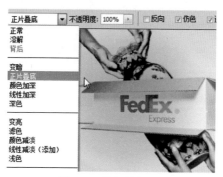

图 4-44 径向渐变

- 不透明度：用来设置填充渐变色的透明度。数值越小，填充的渐变色越透明，取值范围为 0% ～ 100%。

- 反向：勾选该复选框后，可以将填充的渐变颜色顺序反转。

- 仿色：勾选该复选框后，可以使渐变颜色之间的过渡更加柔和。

- 透明区域：勾选该复选框后，可以在图像中填充透明蒙版效果。

> **技巧** "渐变类型"中的"从前景色到透明"选项，只有在属性栏中勾选"透明区域"复选框时，才会真正起到从前景色到透明的作用。如果勾选"透明区域"复选框，而使用"从前景色到透明"功能时，填充的渐变色会以当前"工具箱"中的前景色进行填充。

## 4.3.1 线性渐变

从起点到终点做线状渐变。单击"线性渐变"按钮■，在页面中选择起点后按下并拖动鼠标到一定距离，松开鼠标后可填充线性渐变效果，如图 4-45 所示。

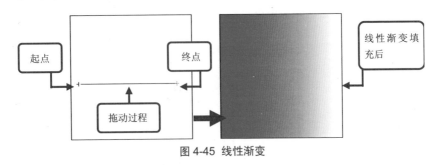

图 4-45 线性渐变

### 4.3.2 径向渐变

从起点到终点做放射状渐变。单击"径向渐变"按钮，在页面中选择起点后按下并拖动鼠标到一定距离，松开鼠标后可填充径向渐变效果，如图 4-46 所示。

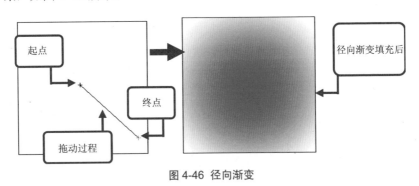

图 4-46 径向渐变

### 4.3.3 角度渐变

以起点作为旋转点，并以起点到终点的拖动线为准做顺时针渐变填充。单击"角度渐变"按钮，在页面中选择起点后按下并拖动鼠标到一定距离，松开鼠标后可填充角度渐变效果，如图 4-47 所示。

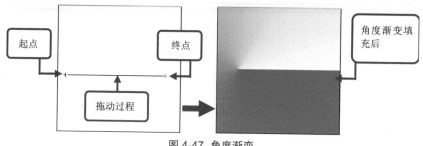

图 4-47 角度渐变

### 4.3.4 对称渐变

从起点到终点做对称直线渐变填充。单击"对称渐变"按钮▥，在页面中选择起点后按下并拖动鼠标到一定距离，松开鼠标后可填充对称渐变效果，如图 4-48 所示。

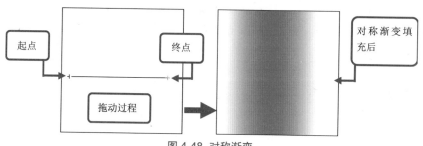

图 4-48 对称渐变

### 4.3.5 菱形渐变

从起点到终点做菱形渐变填充。单击"菱形渐变"按钮▣，在页面中选择起点后按下并拖动鼠标到一定距离，松开鼠标后可填充菱形渐变效果，如图 4-49 所示。

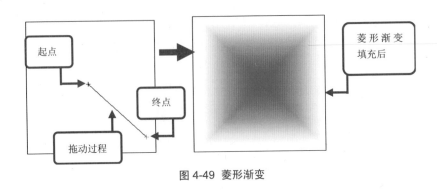

图 4-49　菱形渐变

# 4.4

## 定义图案并填充

在 Photoshop 中学会填充后虽然能够对单色和系统预设的图案任意填充，但是如果我们打开一个自己非常喜欢的图案，并想把他作为图案填充到文档中作为背景，此时用之前学的填充功能就不能直接把图案填充，现在我们就把要填充之前的工作完成，Photoshop 将喜欢的整图或局部定义为填充的图案是一件非常容易的事。

### 4.4.1　定义图案

在使用（油漆桶工具）或"填充"命令填充图案时，往往会遇到想把打开的素材或素材的一部分作为图案填充到新建的文件中。具体创建方法如下。

**操作步骤：**

1. 执行菜单中的"文件 > 打开"命令或按【Ctrl+O】快捷键，打开随书附带光盘中的"素材文件 / 第 4 章 / 烟灰缸 .jpg"素材，如图 4-50 所示。

图 4-50 烟灰缸

2. 打开素材后，执行菜单中的"编辑＞定义图案"命令，打开"图案名称"对话框，设置"名称"为"烟灰创意"❶，单击"确定"按钮❷，如图 4-51 所示。

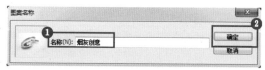

图 4-51 "图案名称"对话框

3. 此时在"填充"对话框中已经能够看到"烟灰创意"图案了，如图 4-52 所示。

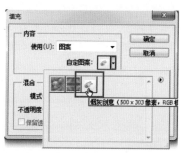

图 4-52 "填充"对话框

((( ● 温馨提示 在"填充"对话框中的"自定图案"拾色器中，将鼠标移到图案上停一会，会在鼠标指针的下面出现该图案的名称。

### 4.4.2 填充定义的图案

图案定义完毕后。下面就要对其进行填充了， 具体创建方法如下。

**操作步骤：**

1. 新建一个大一点的文档，选择 (油漆桶工具)**❶**，选择"填充"为"图案" **❷**，打开"图案拾色器"会发现自定义的图案已经出现在该组拾色器中**❸**，如图 4-53 所示。

2. 此时我们只要使用 （油漆桶工具）在新建的空白文档中单击，即可填充自定义的图案，如图 4-54 所示。

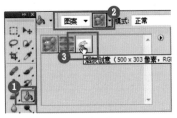
图 4-53 烟灰缸

图 4-54 填充后

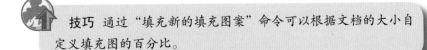
**技巧** 通过"填充新的填充图案"命令可以根据文档的大小自定义填充图的百分比。

## 4.5

# 擦除图像局部

在 Photoshop 中能够对图像的局部进行随意擦除的工具只有 （橡皮擦工具）。在图像上按下鼠标拖动，即可将鼠标经过的位置擦除，并以背景色或透明色来显示被擦除的部分，如图 4-55 和图 4-56 所示。

图 4-55 在背景图层中擦除

图 4-56 在普通图层中擦除

**温馨提示** 如果在背景图层或在透明图层被锁定的图层中擦除时，像素就会以背景色填充橡皮擦经过的位置。

**技巧** 在通过笔触类进行修饰或绘画的工具，按住【Alt】键的同时按住鼠标右键在图像上水平拖动会更改笔触的大小，向左会减小笔触、向右加大笔触。

## 背景橡皮擦清除图像

使用 可以在图像中擦除指定颜色的图像像素，鼠标经过的位置将会变为透明区域。即使在"背景"图层中擦除图像后，也 会将"背景"图层自动转换成可编辑的普通图层。该工具一般常用在擦除指定图像中的颜色区域，也可以用做图像去掉背景，如图 4-57所示。

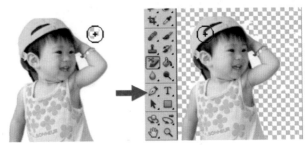

图 4-57 使用背景橡皮擦擦除背景

**操作延伸：**

在"工具箱"中单击后，Photoshop 的属性栏会自动变为所对应的选项的设置，通过属性栏可以对该工具进行相应的属性设置，如图 4-58 所示。

图 4-58 背景橡皮擦属性栏

其中的各项含义如下（与之前功能相似的选项这里就不多讲了）。

⦿ 取样：用来设置擦除图像颜色的方式。包括连续、一次和背景色板。

- 连续：可以将鼠标经过的所有颜色作为选择色并对其进行擦除。
- 一次：在图像上需要擦除的颜色上按下鼠标，此时选取的颜色将自动作为背景色，只要不松手即可一直在图像上擦除该颜色区域。
- 背景色板：选择此项后，只能擦除与背景色一样的颜色区域。

- 限制：用来设置擦除时的限制条件。在限制下拉列表中包括不连续、连续和查找边缘。
  - 不连续：可以在选定的色彩范围内多次重复擦除。
  - 连续：在选定的色彩范围内只可以进行一次擦除，也就是说必须在选定颜色后连续擦除。
  - 查找边缘：擦除图像时可以更好保留图像边缘的锐化程度。
- 容差：用来设置擦除图像中颜色的准确度，数值越大，擦除的颜色范围就越广，可输入的数值范围是 0% ～ 100%。如图 4-59 所示的图像为容差分别设置为 23% 和 51% 时的擦除效果。

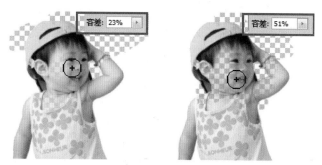

**图 4-59 不同容差时的擦除效果**

- 保护前景色：勾选该复选框后，图像中与前景色一致的颜色将不会被擦除掉。

**上机实战** 设置不同取样时擦除图像背景

本次练习主要让大家了解 （背景橡皮擦工具）属性栏中的不同取样的使用方法。

**操作步骤：**

◇**取样：连续**

1. 执行菜单中的"文件 > 打开"命令或按【Ctrl+O】快捷键，打开随书附带光盘中的"素材文件 / 第 4 章 / 南瓜王子 .jpg"素材,如图 4-60 所示。

图 4-60 素材

2. 选择 (背景橡皮擦工具)①,在属性栏中单击"取样"中的"连续"按钮 ②,使用鼠标在打开的素材上进行涂抹 ③,此时功能就相当于橡皮擦,擦除后的效果如图 4-61 所示。

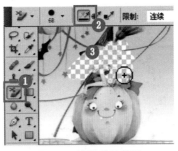

图 4-61 擦除后的效果

温馨提示 在擦除的过程中,大家会看到"工具箱"中的背景色跟随鼠标移动时遇到颜色的改变而变化;使用 (背景橡皮擦工具)如果在"背景"图层中擦除时会自动将背景变为普通图层。

◇取样：一次

3. 恢复素材原貌。

4. 选择 ❶，在属性栏中单击"取样"中的"一次"按钮![]❷，选择要擦除的颜色范围，将鼠标移动到该区域按下鼠标❸，在整个图像中涂抹会发现只有与第一次取样相近的色彩会被擦除，效果如图 4-62 所示。

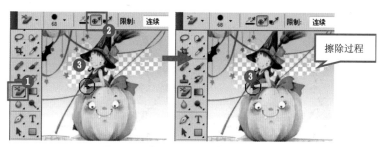

图 4-62 选择一次取样时的擦除效果

◇取样：背景色板

5. 恢复素材原貌。

6. 选择 ❶，在属性栏中单击"取样"中的"背景色板"按钮![]❷，设置"工具箱"中的背景色为要擦除的颜色，这里将背景色设置为图像中立方体的黄色（R:245，G：198，B:0）❸，使用鼠标在打开的素材上进行涂抹，擦除后的效果如图 4-63 所示。

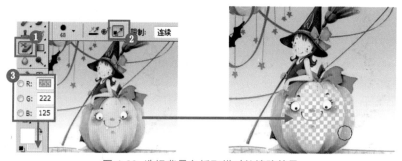

图 4-63 选择背景色板取样时的擦除效果

## 快速删除图像

在 Photoshop 中使用（魔术橡皮擦工具）可以快速去掉图像的背景。该工具的使用方法非常简单，只要选择要清除的颜色范围，单击即可将其清除，如图 4-64 所示。

图 4-64 魔术橡皮擦

**操作延伸：**

在"工具箱"中单击（魔术橡皮擦工具）后，Photoshop 的属性栏会自动变为（魔术橡皮擦工具）所对应的选项的设置，通过属性栏可以对该工具进行相应的属性设置，如图 4-65 所示。

图 4-65 魔术橡皮擦属性栏

## 习题与练习

### 习题

1.下面哪个渐变填充为角度填充？

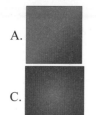

A.

B.

C.

D.

2. 下面哪个工具可以填充自定义图案？

 A. 渐变工具      B. 油漆桶工具

 C. 魔术棒工具     D. 背景橡皮擦工具

3. 在背景橡皮擦选项栏中选择哪个选项时可以始终擦除第一次选取的颜色？

 A. 一次    B. 连续   C. 背景色板   D. 保护前景色

**练习**

使用"油漆桶工具"对下图进行图案填充，如图 4-66 所示。

素材："素材文件 / 第 4 章 / 长颈鹿 .jpg"

提示：在选项栏中设置"填充"为"图案"，"模式"为"色相"，之后在图像中填充即可（容差设置的大一点）。

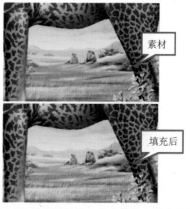

素材

填充后

**图 4-66 使用油漆桶工具在图像上填充图案**

# 第5章

# 在图像中进行选取

本章重点：
- ⊙ 选区概述
- ⊙ 规则选区
- ⊙ 不规则选区

# 5.1 选取范围概述与认识各种选区工具

选取范围也就是我们常用的选区工具创建的选区范围，本节为大家讲解选取范围概述和简单认识选区工具。

## 5.1.1 选取范围的概述

选取范围是指通过工具或者相应命令在图像上创建的选区。创建选取范围后，可以将选区内的区域进行隔离，以便复制、移动、填充或颜色校正。因此，要对图像进行编辑，首先要了解在 Photoshop 中创建选区的方法和技巧。

在设置选区时，特别要注意 Photoshop 软件是以像素为基础的，而不是以矢量为基础的。在以矢量为基础的软件中，可以用鼠标直接对某个对象进行选择或者删除。而在 Photoshop 中，画布是以彩色像素或透明像素填充的。当在工作图层中对图像的某个区域创建选区后，该区域的像素将会处于被选取状态，此时对该图层进行相应编辑时被编辑的范围将会只局限于选区内。创建的选区可以是连续的也可以是分开的，如图 5-1 所示。

单一选区　　　　　　　　　　　　　　多个选区

图 5-1 选区

### 5.1.2 认识常用创建选区的工具

在编辑图像时，选区的创建是各种各样的，为了更好地创建适合的选区，Photoshop 为大家提供了不同方式创建选区的工具，如图 5~2 至图 5-7 所示的效果为使用不同工具创建的选区。

图 5-2　矩形选框工具创建的选区　　图 5-3　椭圆选框工具创建的选区

图 5-4　快速选择工具创建的选区　　图 5-5　魔棒工具创建的选区

图 5-6　多边形套索工具创建的选区　　图 5-7　磁性套索工具创建的选区

## 创建固定大小矩形选区

选择 （矩形选框工具）后，设置"样式"为"固定大小" ❶，设置"宽度"为 128px、"高度"为 64px ❷，在素材文档中单击鼠标就可以自动创建设定大小的选区，如图 5-8 所示。

图 5-8 创建固定大小的选区

### 5.2.1 矩形选框工具的使用

在 Photoshop 中用来创建矩形选区的工具只有（矩形选框工具），（矩形选框工具）主要应用在对图像选区要求不太严格的图像中或用来同"裁剪"命令裁切图像。创建选区的方法非常简单，在图像上选择一点按住鼠标向对角处拖动，松开鼠标后便可创建矩形选区，如图 5-9 所示。

第5章 在图像中进行选取

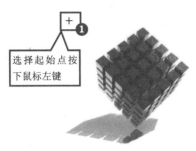

选择起始点按
下鼠标左键

① 

② 向对角处拖动鼠标，松开
鼠标即可创建矩形选区

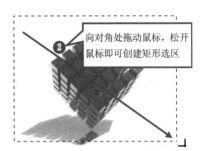

图 5-9 创建矩形选区

**技巧** 绘制矩形选区的同时按住【Shift】键，可以绘制出正方
形选区。

**操作延伸：**

在"工具箱"中单击 [:::]（矩形选框工具）后，Photoshop 的属性栏
会变成[:::]（矩形选框工具）对应的属性栏，通过属性栏可以对将选取的
选区进行设置，如图 5-10 所示。

工具图标

选区创建模式

图 5-10 矩形选框工具的选项栏

其中的各项含义如下（重复或大致相同的选项设置就不做介绍了）。

⊙ 工具图标：用于显示当前使用工具的图标，单击右边的倒三角形
可以打开"工具预设"选取器。

⊙ 选区模式：选框模式包括：■新选区、■添加到选区、■从选
区中减去和■与选区相交。

● 新选区：当文档中存在选区时，再创建选区会将之前的选区替
换，如图 5-11 所示。

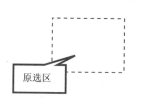
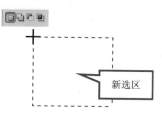

图 5-11 新选区

- 添加到选区：在已存在选区的图像中拖动鼠标绘制新选区，如果与原选区相交，则组合成新的选择区域如图 5-12 所示；如果选区不相交，则创建另一个新选区，如图 5-13 所示。

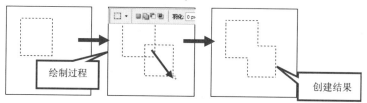

图 5-12 创建添加到选区（相交时）

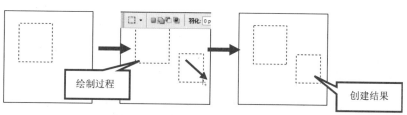

图 5-13 创建添加到选区（不相交时）

**技巧** 当在已经存在选区的图像中创建第二个选区时，按住【Shift】键进行绘制，会自动完成添加到选区功能，相当于单击选项栏中 "添加到选区" 按钮。

- 从选区中减去：在已存在选区的图像中拖动鼠标绘制新选区，如果选区相交，则合成的选择区域会刨除相交的区域如图 5-14 所示；如果选区不相交，则不能绘制出新选区。

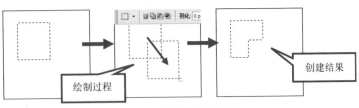

图 5-14 创建从选区中减去

**技巧** 当在已经存在选区的图像中创建第二个选区时，按住【Alt】键进行绘制，会自动完成从选区中减去功能，相当于单击选项栏中 ⬜ "从选区中减去" 按钮。

- 与选区相交：在已存在选区的图像中拖动鼠标绘制新选区，如果选区相交，则合成的选择区域会只留下相交的部分如图 5-15 所示；如果选区不相交，则不能绘制出新选区。

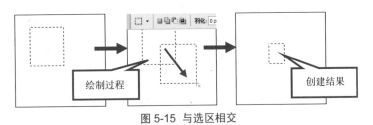

图 5-15 与选区相交

**技巧** 当在已经存在选区的图像中创建第二个选区时，按住【Alt+Shift】快捷键进行绘制，会自动完成与选区相交功能，相当于单击选项栏中 ⬛ "与选区相交" 按钮。

◎ 羽化：可以将选择区域的边界进行柔化处理，在数值栏中输入数字即可。其取值范围在 0 ~ 255px。范围越大填充或删除选区内的图像时边缘就越模糊。如图 5-16 至图 5-18 所示的图像为 "羽化" 分别为 0、20 和 50 时填充选区内容后的效果。

图 5-16 羽化为 0

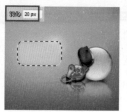
图 5-17 羽化为 20

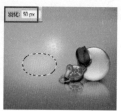
图 5-18 羽化为 50

- ◉ 消除锯齿：平滑选区边缘，只应用于椭圆选框工具。

- ◉ 样式：用来规定绘制矩形选区的形状，包括：正常、固定长宽比例和固定大小。

  - 正常：选区的标准状态，也是最常用的一种状态。拖曳鼠标可以绘制任意的矩形。

  - 固定长宽比：用于输入矩形选区的长宽比例。默认状态下比例为 1∶1。

  - 固定大小：通过输入矩形选区的长宽大小，可以绘制精确的矩形选区。

- ◉ 调整边缘：用来对已绘制的选区进行精确调整。绘制选区后单击该按钮，即可打开如图 5-19 所示的"调整边缘"对话框。

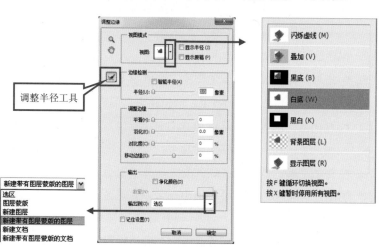

图 5-19 "调整边缘"对话框

对话框中的各项含义如下（重复或大致相同的选项设置就不做介绍了）。

⊙ 调整半径工具：用来手动扩展选区范围，按【Alt】键变为收缩选区范围。该选项通常用在对图像的精确选取，也就是抠取复杂图像，如图 5-20 所示为编辑头发选区。（CS5 新增功能）

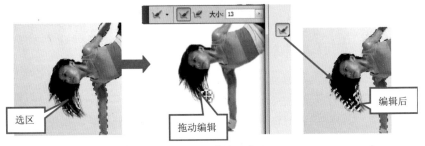

图 5-20 创建椭圆选区

⊙ 视图模式：用来设置调整时图像的显示效果。

• 视图：单击弹出按钮，即可显示所有的预览模式。

• 显示半径：显示按照半径定义的调整区域。

• 显示原稿：显示图像的原始选区。

⊙ 边缘检测：用来对图像选区边缘的精细查找。

• 智能半径：使检测范围自动适应图像边缘。

• 半径：用来设置调整区域的大小。

⊙ 调整边缘：对创建的选区进行调整。

• 平滑：控制选区的平滑程度，数值越大越平滑。

• 羽化：控制选区柔和程度，数值越大，调整的图像边缘越模糊。

• 对比度：用来调整选取边缘的对比程度，结合半径或羽化来使用，数值越大，模糊度就越小。

• 移动边缘：数值变大选区变大，数字变小选取变小。

⊙ 输出：对调整的区域进行输出。可以是选区、蒙版、图层或新建文档等。

• 净化颜色：用来对图像边缘的颜色进行删除。

• 数量：用来控制移去边缘颜色区域的大小。

- 输出到：设置调整后的输出效果。可以是选区、蒙版、图层或新建文档等。
◉ 记住设置：在"调整边缘"和"调整蒙版"中始终使用以上的设置。

> **技巧** 在"调整边缘"对话框中，按住【Alt】键，对话框中的"取消"按钮会自动变成"复位"按钮。这样可以自动将调整的数值恢复到默认值。

# 5.3 创建圆形选区

在 Photoshop 中用来创建椭圆或正圆选区的工具只有 （椭圆选框工具），（椭圆选框工具）的使用方法与（矩形选框工具）大致相同，如图 5-21 所示的图像即为创建椭圆选区的过程。

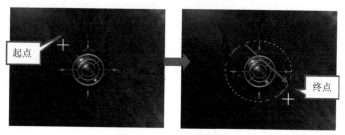

图 5-21 创建椭圆选区

> **技巧** 绘制椭圆选区的同时按住【Shift】键，可以绘制出正圆选区；选择起始点后，按住【Alt】键可以以起始点为中心向外创建椭圆选区；选择起始点后，按住【Alt+Shift】快捷键可以以起始点为中心向外创建正圆选区。

**操作延伸：**

在"工具箱"中单击 （椭圆选框工具）后，Photoshop 的属性栏会变成（椭圆选框工具）对应的属性栏，通过属性栏可以对选取的选项进行设置，此时"属性栏"中的"消除锯齿"复选框被激活，如图 5-22 所示。

图 5-22 椭圆选框工具属性栏

其中的各项含义如下（重复或大致相同的选项设置就不做介绍了）。

◉ 消除锯齿：选择椭圆选框工具后，"消除锯齿"复选框被激活。Photoshop 中的图像是用像素组成的，而像素实际上是正方形的色块，所以在进行圆形选取或其他不规则选取时就会产生锯齿边缘。而消除锯齿的原理就是在锯齿之间填入中间色调，这样就从视觉上消除了锯齿现象，如图 5-23 所示。

图 5-23 消除锯齿时的对比图

**知识拓展：**

在"选框工具组"中还有（单行选框工具）和（单列选框工具），使用方法非常简单，在文档中单击即可创建一个像素宽或一个像素高的矩形选区，如图 5-24 所示。

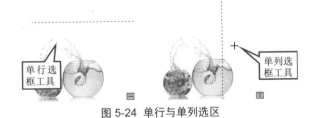

图 5-24 单行与单列选区

## 使用快速选择工具选取特定区域图像

在 Photoshop 中使用（快速选择工具）可以快速在图像中对需要选取的部分建立选区，使用方法非常简单，只要选择该工具后，使用指针在图像中拖动即可将鼠标经过的地方创建选区，如图 5-25 所示。

❶ 起点

❷ 拖动
❸ 选区
❹ 移动

图 5-25 创建选区

(((●))) **温馨提示** 如果要选取较小的图像时，将画笔直径按照图像的大小进行适当地调整，就可以使选取更加精确。（快速选择工具）通常用来快速创建精确的选区。

**操作延伸：**

在"工具箱"中单击（快速选择工具）后，Photoshop 的属性栏会变成（快速选择工具）对应的属性栏，通过属性栏可以对将选取的选区进行设置，如图 5-26 所示。

选区模式

图 5-26 快速选择工具对应的选项栏

其中的各项含义如下（重复或大致相同的选项设置就不做介绍了）。

- 选区模式：用来对选取方式进行运算，包括"新选区"、"添加到选区"和"从选区中减去"。
  - 新选区：选择该项对图像进行选取时，松开鼠标后会自动转换成"添加到选区"功能。再选择该选项，可以创建另一新选区或使用鼠标将选区进行移动，如图 5-27 所示。
  - 添加到选区：选择该项时，可以在图像中创建多个选区，相交时可以将两个选区合并，如图 5-28 所示。

图 5-27 新选区

图 5-28 添加到选区

- 从选取中减去：选择该项时，鼠标拖动时经过的位置会将创建的选区减去，如图 5-29 所示。

图 5-29 从选取中减去

技巧 使用 （快速选择工具）创建选区时，按住【Shift】键可以自动添加到选区，功能与选项栏中的  "添加到选区"按钮一致；按住【Alt】键可以自动从选区中减去选取部分选区，功能与选项栏中的  "从选区中减去"按钮一致。

- ◎ 画笔：用来设置创建选区的笔触、直径、硬度和间距等。
- ◎ 自动增强：勾选该复选框可以增强选区的边缘。

## 上机实战 使用快速选择工具抠图

本次实战主要让大家了解使用 （快速选择工具）在创建选区时方法和技巧。

**操作步骤：**

1. 执行菜单中的"文件 > 打开"命令或按【Ctrl+O】快捷键，打开随书附带光盘中的"素材文件 / 第 5 章 / 人物 .jpg"素材，如图 5-30 所示。

2. 打开素材后，选择 （快速选择工具）❶，在人物的身上按下鼠

标拖动❷，如图 5-31 所示。

拖动鼠标

图 5-30 素材　　　　　　图 5-31 创建选区

3. 拖动鼠标创建选区的过程中要根据像素区域的大小改变笔刷的直径，选区创建过程如图 5-32 所示。

图 5-32 创建选区过程

4. 执行菜单中的"文件 > 打开"命令或按【Ctrl+O】快捷键，打开随书附带光盘中的"素材文件 / 第 5 章 / 读书 .jpg"素材。打开"读书"素材，使用 （移动工具）将选区内的图像拖动到"读书"素材中，效果如图 5-33 所示。

5. 此时发现人物的脚部与地面的结合不是很好，这时我们只要使用 （加深工具）在背景图层中的脚部与地面接触的位置处涂抹，涂抹后会看到结合效果变得好很多，如图 5-34 所示。

图 5-33 移动选区内的图像到新素材中

图 5-34 涂抹后

6. 至此本实战操作完成，效果如图 5-35 所示。

图 5-35 最终效果

# 5.5

# 使用魔棒工具根据颜色创建选区

在 Photoshop 中使用  （魔棒工具）可以为图像中颜色相同或相近的像素创建选区，创建的选区可以是连续的也可以是非连续的。在实际工作中使用  （魔棒工具）在图像某个颜色像素上单击鼠标，系统会自动创建与该像素相近的选取范围，既可节省时间，又可以得到意想不到的效果，如图 5-36 所示。

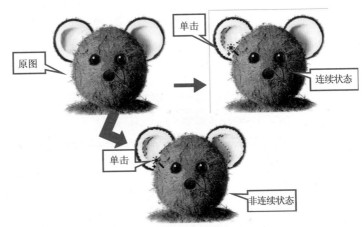

原图　单击　连续状态　单击　非连续状态

图 5-36 魔棒工具创建选区

> ((( ● 温馨提示  （魔棒工具）通常用来快速创建图像颜色相近像素的选区，操作过程真的像变魔术。

**操作延伸：**

在"工具箱"中单击 （魔棒工具）后，Photoshop 的属性栏会变成 （魔棒工具）对应的属性栏，通过属性栏可以对将选取的选区进行设置，如图 5-37 所示。

图 5-37 魔棒工具对应的选项栏

其中的各项含义如下（重复或大致相同的选项设置就不做介绍了）。

◉ 容差：在选框中输入的数值越小，选取的颜色范围就越接近；输入的数值越大，选取的颜色范围就越广。在文本中可输入的数值为 0 ～ 255，系统默认为 32。如图 5-38 所示的图像是容差为 20 时选取效果；如图 5-39 所示的图像是容差为 50 时的选取效果。

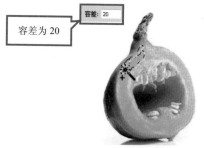

图 5-38 在黄色区域单击　　　　图 5-39 在黄色区域单击

◉ 连续：勾选"连续"复选框后，选取范围只能是颜色相近的连续区域；不勾选"连续"复选框，选取范围可以是颜色相近的所有区域，如图 5-40 和图 5-41 所示。

图 5-40 只选取相邻的相同像素　　图 5-41 选取所有相近颜色

◉ 对所有图层取样：勾选该复选框后，可以选取所有可见图层中的相同颜色像素；不勾选该复选框，只能在当前工作的图层中选取颜色区域。

**上机实战** 使用魔棒工具抠图

使用（魔棒工具）创建选区后有两项可以选择：一项是编辑选取内容；一项是抠图。本实战为大家讲解（魔棒工具）清除背景的方法，即抠图的方法，具体操作如下。

**操作步骤：**

1. 执行菜单中的"文件 > 打开"命令或按【Ctrl+O】快捷键，打开随书附带光盘中的"素材文件 / 第 5 章 / 田间别墅 .jpg"素材，如图 5-42 所示。

图 5-42 素材

2. 打开素材后，我们开始对图像进行抠图。选择（魔棒工具）❶，在属性栏中勾选"连续、设置"容差"为 40、单击 "添加到选区"按钮❷，如图 5-43 所示。

图 5-43 设置工具

3. 设置完毕后，将鼠标指针移到天空处单击❶，再在月牙门处单击❷，创建选区如图 5-44 所示。

图 5-44 创建选区

4. 执行菜单中"选择 > 反向"命令或按【Ctrl+Alt+I】快捷键将选区反选，此时选取范围为房子和陆地，如图 5-45 所示。

图 5-45 反选

5. 按【Ctrl+J】快捷键，将选区内的图像复制到图层 1 中，单击"背景"图层前面的小眼睛，将其隐藏，如图 5-46 所示。

6. 此时抠图成功，效果如图 5-47 所示。

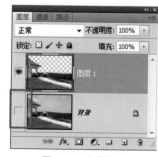

图 5-46 隐藏图层

图 5-47 最终效果

## 5.6 使用多边形套索工具创建选区

在 Photoshop 中使用 <span>（多边形套索工具）可以在页面中创建不规则的多边形选区，并且创建的选区还很精确，使用方法也非常简单，在图像上选择一点❶后单击鼠标左键，拖动指针到另一点后单击鼠标左键❷，依次类推，直到终点与起始点相交时❸，双击鼠标完成选区的创建❹如图 5-48 所示。

图 5-48 创建多边形选区

**技巧** 使用 <span>（多边形套索工具）创建选区的过程中，按住【Shift】键，可以沿水平、垂直或相对成 45°角的方向绘制选区线；当起点与终点不相交时，双击鼠标或按住【Ctrl】键的同时单击鼠标，即可创佳封闭选区，连接虚线以直线的方式体现。

## 5.7

# 使用磁性套索工具创建选区

在 Photoshop 中使用 ▣（磁性套索工具）能自动捕捉具有反差颜色的对比边缘，并基于此边缘来创建选区，因此非常适合选择背景复杂但对象边缘对比度强烈的图像。选择起始点后，在图像边缘拖动鼠标系统会自动在对比强烈的边缘依附蚂蚁线，终点与起点相交时单击即会自动创建选区，如图 5-49 所示。

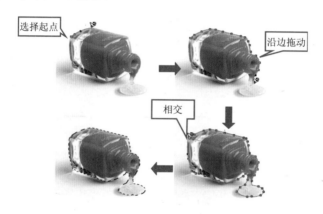

图 5-49 创建选区

**操作延伸：**

在"工具箱"中单击 ▣（磁性套索工具）后，Photoshop 的属性栏会变成 ▣（磁性套索工具）对应的属性栏，通过属性栏可以对其进行选取的选项进行设置，如图 5-50 所示。

图 5-50 磁性套索工具选性栏

其中的各项含义如下（重复或大致相同的选项设置就不做介绍了）。

⦿ 宽度：用于设置磁性套索工具在选取图像时的探查距离，输入的数值越大，探查的图像边缘范围就越广。可输入的数值范围是1～256。

⦿ 对比度：用于设置磁性套索工具的敏感度，数值越大，边缘与周围环境的要求就越高，选区就会越不精确。可输入的数值范围是1%～100%。

⦿ 频率：用来显示使用磁性套索工具时会出现的固定选区的标记，确保选区不被变形。输入的数值越大，标记就越多，套索的选区范围越精确。可输入的数值范围是1～100。

⦿ 钢笔压力：如果使用绘图板创建选区时，单击此按钮，系统会自动根据绘图笔的压力来改变宽度。

**技巧** 使用▨（磁性套索工具）创建选区时，单击鼠标也可以创建矩形标记点，用以确定精确选区；按键盘上的【Delete】键或【BackSpace】键，可按照顺序撤销矩形标记点；按【Esc】键可去掉未完成的选区。

**技巧** 在使用▨（磁性套索工具）创建选区时，按【Alt】键拖动鼠标会自动转换成套索工具，松开鼠标会自动转换成多边形套索工具，松开【Alt】键单击鼠标会转换成磁性套索工具。

**知识拓展：**

可控不规则选区创建工具除了▨（多边形套索工具）和▨（磁性套索工具）外，还有◎（套索工具），◎（套索工具）的使用方法，就好比是手里拿着的笔一样，在画布上拖动鼠标起点与终点相交时松开鼠标，即可创建任意形状的选区，如图5-51所示。该工具通常用来创建不太精细的选区，这正符合套索工具操作灵活，使用简单的特点。

图 5-51 套索工具创建选区

**技巧** 使用 （套索工具）创建选区的过程中，如果起始点与终点不相交时松开鼠标，那么起始点会与终点自动封闭创建选区。

**温馨提示** 选择 （套索工具）后，选项栏中的"消除锯齿"复选框会被激活。

## 5.8 扩大选取与选取相似

在 Photoshop 中通过"扩大选取与选取相似"命令可以实现将当前选区的范围变广的效果，不同的是，一个只与原选区相连，一个会出现多个选取范围效果。

### 5.8.1 扩大选取

"扩大选取"命令可以将选区扩大到与当前选区相连的相同像素范围，在图像中绘制一个选区后执行菜单中"选择 > 扩大选取"命令，即可扩展选区，如图 5-52 所示。

图 5-52 扩大选取

### 5.8.2 选取相似

"选取相似"命令可以将图像中与选区相同像素的所有像素都添加到选区，在图像中绘制一个选区后执行菜单中"选择 > 选取相似"命令，即可扩展选区，如图 5-53 所示。

图 5-53 选取相似

> **技巧** 使用"扩大选取"命令和"选取相似"命令扩大选区时的选取容差范围与魔棒工具的容差值相连，容差越大选取的范围越广，如图 5-54 所示。

原图选区

容差为 20

容差为 50

图 5-54 不同容差值下的扩大选取

# 变换选区与变换选区内容

在 Photoshop 中"变换选区"命令与"变换选区内容"命令变换的原理是相同的，但是对应的变换确是不同的，一个只是针对选区的蚂蚁线起到变换作用；另 一个是对选区内的图像进行变换。

"内容识别变换"可以按照图像的内容自动设置变换效果（CS4 新增功能）。

## 5.9.1 变换选区

在 Photoshop 中"变换选区"命令指的是对图像中创建的选区的蚂

蚁线进行缩放、旋转、变形等操作，变换过程中不会对选区内的图像起作用，"变换选区"的操作方法如下。

**操作步骤：**

1. 打开一个自己喜欢的图像，使用选区工具在画布中创建一个选区，如图 5-55 所示。

2. 执行"选择 > 变换选区"命令，此时在选区边缘会出现一个变换框，再执行"编辑 > 变换"命令在子菜单中可以选择相应的变换，或在变换框中单击鼠标右键，在弹出的菜单中选择变换命令，如图5-56所示。

图 5-55 创建选区　　　　　图 5-56 变换选项

3. 在弹出菜单中选择缩放、旋转、斜切、扭曲和透视选项后，拖动控制点得到如图5-57至图5-61所示。

图 5-57 缩放　　　　　图 5-58 旋转

4. 在弹出菜单中选择变形选项后，可以对选区进行变形调整，此时

"属性栏"会变成如图 5-62 所示的变形模式。

图 5-59 斜切

图 5-60 扭曲

图 5-61 透视

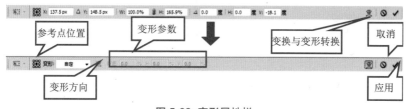

图 5-62 变形属性栏

属性栏中的各项含义如下（重复或大致相同的选项设置就不做介绍了）。

◉ 参考点位置：用来设置变换与变形的中心点。

◉ 变形：用来设置变形的样式，单击右边的倒三角按钮即可弹出变形选项菜单，如图 5-63 所示。选择不同变形后，拖动控制点即可完成选区的变形，如图 5-64 至图 5-66 所示。

图 5-63 变形选项

图 5-64 自定

图 5-65 波浪

图 5-66 鱼眼

- ◉ 变形方向：将变形的方向在垂直于水平之间转换。
- ◉ 变形参数：在文本框中输入数值后，即可得到相应变形样式的各项效果。
- ◉ 变换与变形转换：单击即可将属性栏在变换域变形模式下转换。
- ◉ 应用：单击即可将变形的效果确定。
- ◉ 取消：单击可以将变形的效果取消。

## 5.9.2 变换选区内容

在 Photoshop 中"变换选区内容"命令指的是可以改变创建选区内图像的形状。在图像中创建选区后，执行菜单中的"编辑 > 变换"命令或按【Ctrl+T】快捷键调出变换框，在弹出的子菜单中可以选择具体的变换样式，选择旋转与透视，如图 5-67 和图 5-68 所示。在"变形"中选择拱形与鱼形，如图 5-69 和图 5-70 所示。

图 5-67 旋转

5-68 透视

图 5-69 拱形

5-70 鱼形

((( ● 温馨提示　"变换选区"命令与"变换选区内容"的属性设置是相同的。

### 5.9.3　内容识别变换

在 Photoshop 中"内容识别变换"命令指的是可以根据变换框的变换，来改变选区内特定区域像素的变换效果，应用该命令后，系统会自动根据图像的特点来对图像进行变换处理。在图像中创建选区后，执行菜单中的"编辑 > 内容识别变换"命令，调出变换框。使用鼠标拖动控制点，将图像变窄，此时大家会发现，图像中的人物基本没有发生变换，被变换的只是人物之间的像素，如图 5-71 所示。

图 5-71 内容识别变换

**操作延伸：**

对选区或图层应用"内容识别变换"命令后，属性栏也会跟随变为该命令对应的选项设置，如图 5-72 所示。

图 5-72 被容识别变换属性栏

其中的各项含义如下（重复或大致相同的选项设置就不做介绍了）。

- 数量：用于设置内容识别比例的阈值，最大限度地减低扭曲度，输入数值为 0% ～ 100%，数值越大识别效果越好。
- 保护：用来选择"通道"作为保护区域。
- 保护肤色：单击该按钮，系统在识别时会自动保护人物肤色区域。

## 5.10 反选选区

在 Photoshop 中"反选选区"可以将当前选取范围以外的区域转换为选取范围，使用"反向"命令可以将当前选区进行反选。在图像中创建选区后，执行菜单中"选择 > 反向"命令，或按【Shift+Ctrl+I】快捷键，即可将当前的选取范围反选，如图 5-73 所示。

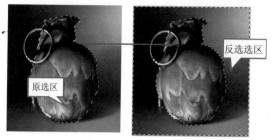

图 5-73 反选选区

# 全选选区与取消选择

在 Photoshop 中"全选选区"可以将当前整体画布作为一个整体调出选区。执行菜单中"选择 > 全选"命令，或按【Ctrl+A】快捷键，即可载入当前画布的选区，如图 5-74 所示；执行菜单中"选择 > 取消选择"命令，或按【Ctrl+D】快捷键，即可将图像中存在的选区取消，如图 5-75 所示。

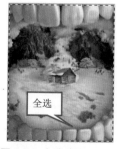

图 5-74 全选选区

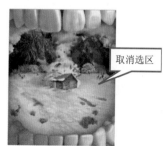

图 5-75 取消选区

## 5.12 色彩范围创建选区

在 Photoshop 中使用"色彩范围"命令可以根据选择图像中指定的颜色自动生成选区，如果图像中存在选区，那么色彩范围只局限在选区内。执行"选择 > 色彩范围"命令，得到如图 5-76 和图 5-77 所示的"色彩范围"对话框。

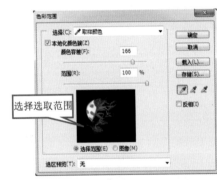

图 5-76 "色彩范围"对话框

图 5-77 "色彩范围"对话框

((( ● **温馨提示** "色彩范围"命令不能应用于 32 位 / 通道的图像。

对话框中的各项含义如下（重复或大致相同的选项设置就不做介绍了）。

- ◉ 选择：用来设置创建选区的方式。在下拉菜单中可以选择创建选区的方式。
- ◉ 本地化颜色簇：用来设置相连范围的选取，勾选该复选框后，被选取的像素呈现放射状扩散相连的选区，如图 5-78 所示。

图 5-78 勾选"本地化颜色簇"后得到的选区

◉ 颜色容差：用来设置被选颜色的范围。数值越大，选取的同样颜色范围越广。只有在"选择"下拉菜单中选择"取样颜色"时，该选项才会被激活。

◉ 范围：用来设置 🖊（吸管工具）点选的范围，数值越大，选区的范围越广。如图 5-79 所示的图像为范围是 10% 时的效果，如图 5-80 所示的图像为范围是 60% 时的效果。只有使用 🖊（吸管工具）单击图像后，该选项才会被激活。

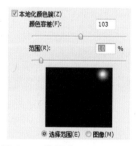

图 5-79 范围为 10%

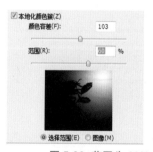

图 5-80 范围为 60%

◉ 选择范围/图像：用来设置预览框中显示的是选择区域还是图像。

◉ 选区预览：用来设置文件图像中的预览选区方式，包括"无"、"灰度"、"黑色杂边"、"白色杂边"和"快速蒙版"。

• 无：不设置预览方式，如图 5-81 所示。

• 灰度：以灰度方式显示预览，选区为白色，如图 5-82 所示。

• 黑色杂边：选区显示为原图像，非选区区域以黑色覆盖，如图 5-83 所示。

- 白色杂边：选区显示为原图像，非选区区域以白色覆盖，如图 5-84 所示。
- 快速蒙版：选区显示为原图像，非选区区域以半透明蒙版颜色显示，如图 5-85 所示。

图 5-81 无 　　　　　　 图 5-82 灰度 　　　　　　 图 5-83 黑色杂边

图 5-84 白色杂边 　　　　　　 图 5-85 快速蒙版

◉ 载入：可以将之前的选区效果应用到当前文件中。

◉ 储存：将制作好的选区效果进行储存，以备后用。

◉ 🖊 吸管工具：使用 🖊（吸管工具）在图像上单击，可以设置由蒙版显示的区域。

◉ 🖊 添加到取样：使用 🖊（添加到取样）在图像上单击，可以将新选取的颜色添加到选区内。

◉ 🖊 从取样中减去：使用 🖊（从取样中减去）在图像上单击，可以将新选取的颜色从选区中删除。

◉ 反相：勾选该复选框，可以将选区反转。

## 5.13 题与练习

### 习题

1. 将选区进行反选的快捷键是_____。

    A. Ctrl+A       B. Ctrl+Shift+I   C. Alt+Ctrl+R    D. Ctrl+ I

2. 剪切的快捷键是_____。

    A. Ctrl+A       B. Ctrl+C       C. Ctrl+V       D. Ctrl+X

3. 使用以下哪个工具可以选择图像中颜色相似的区域_____。

    A. 移动工具                B. 魔棒工具

    C. 快速选择工具          D. 套索工具

### 练习1

使用"内容识别变换"拉近人物与物体之间的距离

素材："素材文件 / 第 5 章 / 剑鱼少女 .jpg"

提示：调出选区执行"内容识别变换"拖动变换框，如图5-86所示。

图 5-86 内容识别变换

**练习2**

使用"色彩范围"调出人物选区

素材:"素材文件/第5章/小朋友.jpg"

提示:执行"色彩范围"命令,选择小朋友所在区域的选区,如图 5-87 所示。

图 5-87 色彩范围调出选区

# 第6章

## 照片的颜色修正

本章重点：

⊙ 了解 Photoshop 中颜色调整在处理图像时的作用

⊙ 自动调整

⊙ 自定义调整

本章将为大家介绍关于 Photoshop 软件在颜色设置以及色调调整等方面的相关知识。

## 6.1

# 颜色调整在处理图像时的作用

　　了解如何创建颜色以及如何将颜色相互关联可让您在 Photoshop 中更有效地工作。只有您对基本颜色理论进行了了解，才能将作品生成一致的结果，而不是偶然获得某种效果。在对颜色进行创建的过程中，大家可以依据加色原色（RGB）、减色原色（CMYK）和色轮来完成最终效果。

　　加色原色是指三种色光（红色、绿色和蓝色），当按照不同的组合将这三种色光添加在一起时，可以生成可见色谱中的所有颜色。添加等量的红色、蓝色和绿色光可以生成白色。完全缺少红色、蓝色和绿色光将导致生成黑色。计算机的显示器是使用加色原色来创建颜色的设备，如图 6-1 所示。

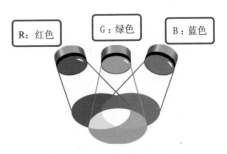

图 6-1　加色原色（RGB 颜色）

　　减色原色是指一些颜料，当按照不同的组合将这些颜料添加在一起时，可以创建一个色谱。与显示器不同，打印机使用减色原色（青色、洋红色、黄色和黑色颜料）并通过减色混合来生成颜色。使用"减色"这个术语是因为这些原色都是纯色，将它们混合在一起后生成的颜色都是原色的不纯版本。例如，橙色是通过将洋红色和黄色进行减色混合创建的，如图 6-2 所示。

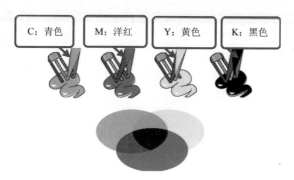

图 6-2 减色原色（CMYK 颜色）

　　如果您是第一次调整颜色分量，在处理色彩平衡时手头有一个标准色轮图表会很有帮助。可以使用色轮来预测一个颜色分量中的更改如何影响其他颜色，并了解这些更改如何在 RGB 和 CMYK 颜色模型之间转换。

　　例如，通过增加色轮中相反颜色的数量，可以减少图像中某一颜色的数量，反之亦然。在标准色轮上，处于相对位置的颜色被称做补色。同样，通过调整色轮中两个相邻的颜色，甚至将两个相邻的色彩调整为其相反的颜色，可以增加或减少一种颜色。

　　在 CMYK 图像中，可以通过减少洋红色数量或增加其互补色的数量来减淡洋红色，洋红色的互补色为绿色（在色轮上位于洋红色的相对位置）。在 RGB 图像中，可以通过删除红色和蓝色或通过添加绿色来减少洋红。所有这些调整都会得到一个包含较少洋红的整体色彩平衡，如图 6-3 所示。

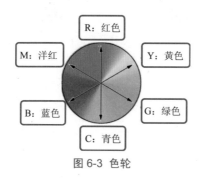

图 6-3 色轮

**6.2**

# 自动校正图像色偏

在 Photoshop 中调整图像色调是非常重要的一个环节，其可以完全掌握一个作品的生死，当您把一张偏色的照片在 Photoshop 中进行修正时，对于新手来说烦琐的操作会丧失对 Photoshop 的兴趣，在这点上 Photoshop 为广大初学者提供了非常简单的执行操作"自动颜色"命令，使用该命令可以自动调整图像中的色彩平衡。原理是首先确定图像的中性灰色像素，然后选择一种平衡色来填充图像的灰色像素，起到平衡色彩的作用。打开一张偏色照片后，执行菜单中的"图像 > 自动颜色"命令，即可完成图像的色偏调整，效果如图 6-4 所示。

原图

自动颜色后

图 6-4 自动颜色后的对比效果

温馨提示 "自动颜色"调整命令只能应用于 RGB 颜色模式。

**知识拓展：**

一张照片我们通过双眼也许可以快速看出偏色，但是并不是所有的偏色照片我们都能一眼看出来，此时我们只要通过"信息"面板结合颜色知识便可以轻松确定出当前照片具体偏哪种颜色。具体操作如下。

**操作步骤：**

1. 执行菜单中的"文件 > 打开"命令或按【Ctrl+O】快捷键，打开随书附带光盘中的"素材文件 / 第 6 章 / 偏色照片 .jpg"素材，如图 6-5 所示。

2. 打开素材后，执行菜单中"窗口 > 信息"命令，打开"信息"面板。选择 （吸管工具）❶在图像中中性色区域上按鼠标❷，此时在"信息"面板中显示当前鼠标指针所在区域的颜色值❸，如图 6-6 所示。

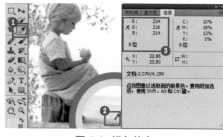

图 6-5 素材　　　　图 6-6 颜色信息

3. 在本应该为灰色区域的位置上显示的数值却不是灰色数值，此时通过颜色参数我们可以轻松地断定当前照片有一些偏红。

**注意**　如果想确认照片是否偏色，最简单的方法就是使用"信息"面板查看照片中因为白色、灰色或黑色的位置，因为白色、灰色和黑色都属于中性色，这些区域的 RGB 颜色值应该是相等的，如果发现某个数值太高，就可以判断该图片为偏色照片。

**温馨提示**　在照片中寻找黑色、白色或灰色的区域时人物的头发、白色衬衣、灰色路面、墙面等。由于每个显示器的色彩都存在一些差异，所以我们最好使用"信息"面板来精确判断，再对其进行修正。

**技巧**　在自动修正图像色偏的过程时，除了使用"自动颜色"外还可以使用"自动色调"命令。

# 6.3 手动调整色偏

自动调整色偏虽然能够处理一些色偏效果，但是不能按照自己的意愿进行调整，这时就需要更深一些的调整方法，Photoshop 中的一些手动调整功能可以更加精确地对色偏进行调整，使照片更加接近场景色。

## 6.3.1 使用色彩平衡调整色偏

使用"色彩平衡"命令可以单独对图像的阴影、中间调和高光进行调整，从而改变图像的整体颜色，具体调整方法如下。

**操作步骤：**

1. 执行菜单中的"文件 > 打开"命令或按【Ctrl+O】快捷键，打开随书附带光盘中的"素材文件 / 第 6 章 / 偏色照片 2.jpg"素材，如图 6-7 所示。

2. 执行菜单中"窗口 > 信息"命令，打开"信息"面板。使用 ✏（吸管工具）移动指针到图像中积木灰色区域❶，此时在"信息"面板中显示的颜色值❷明显可以看到红色值多出很多，证明当前照片偏红，如图 6-8 所示。

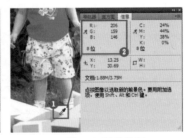

图 6-7 素材　　　　图 6-8 颜色信息

3. 下面就对偏红进行调整，执行菜单中"图像 > 调整 > 色彩平衡"

命令，打开"色彩平衡"对话框。由于当前照片偏红，因此我们在对话框中向青色方向拖动控制滑块，通过"预览"观察调整情况，如图 6-9 所示。

图 6-9 "色彩平衡"对话框

4. 调整过程中我们将鼠标指针拖动到刚才取样的位置，看一下调整数值，我们发现红色值变小了，如图 6-10 所示。

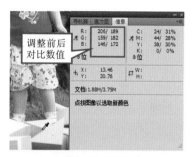

图 6-10 对比

5. 设置完毕单击"确定"按钮，完成色偏调整，效果如图 6-11 所示。

图 6-11 调整后

**注意** 通过"信息"面板中显示的数据，理论上如果将RGB中的三个数值设置成相同参数时，应该会彻底清除色偏，但是往往实际操作中会根据实例的不同而只将三个参数设置为大致相同即可。如果非要将数值设置成一致的话，那么也许会出现另一种色偏，如图6-12所示。

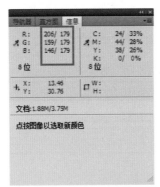

图 6-12 数值一致效果

**操作延伸：**

执行菜单中的"图像 > 调整 > 色彩平衡"命令，会打开如图6-13所示的"色彩平衡"对话框。在对话框中有三组相互对应的互补色，分别为青色对红色、洋红对绿色和黄色对蓝色。例如减少青色那么就会由红色来补充减少的青色。

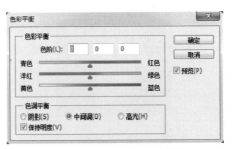

图 6-13 "色彩平衡"对话框

其中的各项含义如下（重复或大致相同的选项设置就不做介绍了）。

- 色彩平衡：可以在对应的文本框中输入相应的数值或拖动下面的三角滑块来改变颜色的增加或减少。
- 色调平衡：可以选择在阴影、中间调或高光中调整色彩平衡。
- 保持亮度：勾选此复选框后，在调整色彩平衡时保持图像亮度不变。

### 6.3.2 使用色阶调整色偏

使用"色阶"命令可以校正图像的色调范围和颜色平衡。"色阶"直方图可以用于调整图像基本色调的直观参考，调整方法是使用"色阶"对话框通过调整图像的阴影、中间调和高光的强度级别来达到最佳效果，具体调整方法如下。

**操作步骤：**

1. 执行菜单中的"文件 > 打开"命令或按【Ctrl+O】快捷键，打开随书附带光盘中的"素材文件 / 第 6 章 / 偏色照片 3.jpg"素材，如图 6-14 所示。

图 6-14 素材

2. 打开"信息"面板。使用 （吸管工具）移动指针到图像中白云区域❶，此时通过"信息"面板中显示的颜色值❷我们可以证明该照片偏绿，如图 6-15 所示。

图 6-15 颜色信息

3. 下面就对偏绿进行调整，执行菜单中"图像 > 调整 > 色阶"命令，打开"色阶"对话框。由于当前照片偏绿，我们将"通道"选择"绿"，调整参数后，查看数值后再调整"红通道"，如图 6-16 所示。

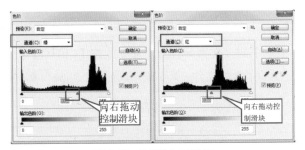

图 6-16 "色阶"对话框

4. 调整过程中我们将鼠标指针拖动到刚才取样的位置，看一下调整数值，我们发现偏色已经很小了，如图 6-17 所示。

图 6-17 对比

5. 设置完毕单击"确定"按钮，完成色偏调整，效果如图 6-18 所示。

图 6-18 调整后

**操作延伸：**

执行菜单栏中"图像 > 调整 > 色阶"命令，会打开如图 6-19 所示的
"色阶"对话框。

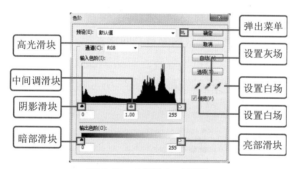

图 6-19 "色阶"对话框

其中的各项含义如下 ( 重复或大致相同的选项设置就不做介绍了 )。

- ◉ 预设：用来选择已经调整完毕的色阶效果，单击右侧的倒三角形
  即可弹出下拉列表。
- ◉ 通道：用来选择设定调整色阶的通道。

**技巧** 在"通道"面板中按【Shift】键在不同通道上单击可以选择
多个通道，再在"色阶"对话框中对其进行调整。此时在"色阶"对
话框中的"通道"选项中将会出现选取通道名称的字母缩写。

◉ 输入色阶：在输入色阶对应的文本框中输入数值或拖动滑块来调整图像的色调范围，以提高或降低图像对比度。

◉ 输出色阶：在输出色阶对应的文本框中输入数值或拖动滑块来调整图像的亮度范围，"暗部"可以使图像中较暗的部分变亮；"亮部"可以使图像中较亮的部分变暗。

◉ 弹出菜单：单击该按钮可以弹出下拉菜单，其中包含储存预设、载入预设和删除当前预设。

   ● 储存预设：执行此命令，可以将当前设置的参数进行储存，在"预设"下拉列表中可以看到被储存选项。

   ● 载入预设：单击该按钮可以载入一个色阶文件作为对当前图像的调整。

   ● 删除当前预设：执行此命令可以将当前选择的预设删除。

◉ 自动：单击该按钮可以将"暗部"和"亮部"自动调整到最暗和最亮。单击此按钮执行命令得到的效果与"自动色阶"命令相同。

◉ 选项：单击该按钮可以打开"自动颜色校正选项"对话框，在对话框可以设置"阴影"和"高光"所占的比例，如图 6-20 所示。

图 6-20 "自动颜色校正选项"对话框

◉ 设置黑场：用来设置图像中阴影的范围，在"色阶"对话框中单击"设置黑场"按钮 ✐ 后，将光标在图像中选取相应的点单击，单击后图像中比选取点更暗的像素颜色将会变得更深（黑色选取点除外），使用光标在黑色区域单击后会恢复图像。

- 设置灰场：用来设置图像中中间调的范围，设置灰场：用来设置图像中中间调的范围。在"色阶"对话框中单击"设置灰点"按钮 ✐ 后，将光标在图像中选取相应的点单击，即可显示中间调色域。使用光标在黑色区域或白色区域单击后会恢复图像。

- 设置白场：与设置黑场的方法中好相反，用来设置图像中高光的范围，在"色阶"对话框中单击"设置白场"按钮 ✐ 后，将光标在图像中选取相应的点单击，单击后图像中比选取点更亮的像素颜色将会变得更浅（白色选取点除外），使用光标在白色区域单击后会恢复图像。

> **技巧** 在"设置黑场"、"设置灰点"或"设置白场"的吸管图标上双击鼠标，会弹出相对应的"拾色器"对话框，如图 6-21 所示，在对话框中可以选择不同颜色作为最亮或最暗的色调。

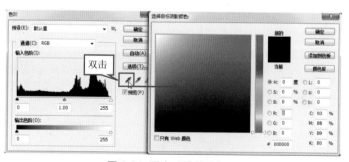

图 6-21 双击"设置黑场"

### 6.3.3 使用曲线调整色偏

使用"曲线"命令可以调整图像的色调和颜色。设置为曲线形状时，将曲线向上或向下移动将会使图像变亮或变暗，具体情况取决于对话框是设置为显示色阶还是显示百分比。使用"曲线"调整偏色的原理与"色阶"相似，判断出具体偏色后，在相应通道中拖动曲线即可还原偏色效果，具体调整方法如下。

**操作步骤：**

1. 执行菜单中的"文件 > 打开"命令或按【Ctrl+O】快捷键，打开随书附带光盘中的"素材文件 / 第 6 章 / 偏色照片 4.jpg"素材，如图 6-22 所示。

图 6-22 素材

2. 通过之前学习的知识我们已经判断出当前照片偏蓝色（具体操作可以参考 6.3.2 节使用色阶调整偏色中确定偏色的方法），执行菜单中"图像 > 调整 > 曲线"命令，打开"曲线"对话框，选择"蓝通道"❶，向下拖动曲线❷降低蓝色，如图 6-23 所示。

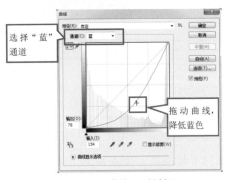

图 6-23 "曲线"对话框

3. 通过预览感觉效果可以后，单击"确定"按钮完成偏色调整，如
图 6-24 所示。

图 6-24 调整后

**操作延伸：**

曲线中较陡的部分表示对比度较高的区域；曲线中较平的部分表
示对比度较低的区域；如果将"曲线"对话框设置为显示色阶而不是百
分比，则会在图形的右上角呈现高光。移动曲线顶部的点将调整高光；
移动曲线中心的点将调整中间调；而移动曲线底部的点将调整阴影。要
使高光变暗，请将曲线顶部附近的点向下移动。将点向下或向右移动会
将"输入"值映射到较小的"输出"值，并会使图像变暗。要使阴影变
亮，请将曲线底部附近的点向上移动。将点向上或向左移动会将较小的
"输入"值映射到较大的"输出"值，并会使图像变亮。执行菜单栏中
"图像 > 调整 > 曲线"命令，会打开如图 6-25 所示的"色阶"对话框。

Photoshop学习掌中宝中宝教程

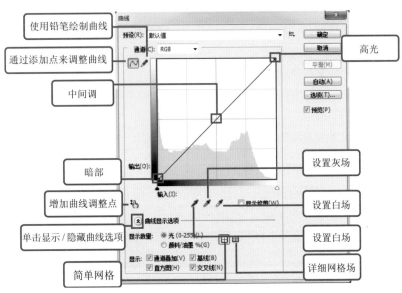

图 6-25 "曲线"对话框

其中的各项含义如下（重复或大致相同的选项设置就不做介绍了）。

◉ 通过添加点来调整曲线：可以在曲线上添加控制点来调整曲线。拖动控制点即可改变曲线形状。

◉ 使用铅笔绘制曲线：可以随意在直方图内绘制曲线，此时平滑按钮被激活用来控制绘制铅笔曲线的平滑度。

◉ 高光：拖动曲线中的高光控制点可以改变高光。

◉ 中间调：拖动曲线中的中间调控制点可以改变图像中间调，向上弯曲会将图像变亮，向下弯曲会将图像变暗。

◉ 阴影：拖动曲线中的阴影控制点可以改变阴影。

◉ 显示修剪：勾选该复选框后，可以在预览的情况显示图像中发生修剪的位置，如图 6-26 所示。

◉ 显示数量：包括"光"的显示数量和"颜料 / 油墨"显示数量两个单选框，分别代表加色与减色颜色模式状态。

图 6-26 显示修剪

- 显示：包括显示不同通道的曲线、显示对角线那条浅灰色的基准线、显示色阶直方图和显示拖动曲线时水平和竖直方向的参考线。
- 显示网格大小：在两个按钮上单击可以在直方图中显示不同大小的网格，简单网格指以 25% 的增量显示网格线，如图 6-27 所示；详细网格指以 10% 的增量显示网格，如图 6-28 所示。

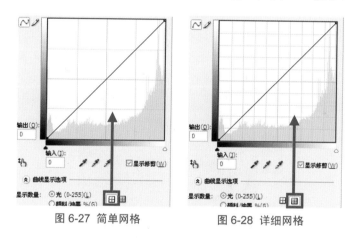

图 6-27 简单网格　　　　　图 6-28 详细网格

- 添加曲线调整控制点：单击此按钮后，使用鼠标指针在图像上单击，会自动按照图像单击像素点的明暗，在曲线上创建调整控制点，按下鼠标在图像上拖动即可调整曲线，如图 6-29 所示。

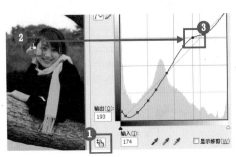

图 6-29 添加调整点

### 6.3.4 通过设置灰场调整色偏

使用"曲线"命令或"色阶"命令中的 ✍ "设置灰场"功能同样可以准确地校正色偏，具体调整方法如下。

**操作步骤：**

1. 执行菜单中的"文件 > 打开"命令或按【Ctrl+O】快捷键，打开随书附带光盘中的"素材文件 / 第 6 章 / 偏色照片 5.jpg"素材，如图 6-30所示。

图 6-30 素材

2. 通过之前学习的知识我们已经判断出当前照片有一些缺少蓝色（具体操作可以参考 6.3.2 节，使用色阶调整偏色的方法），单击"创建新图层" ❶按钮新建图层 1，设置"前景色"为灰色❷，按【Alt+Delete】快捷键填充前景色，设置"混合模式"为"差值"❸，效果如图 6-31 所示。

图 6-31 混合模式

3. 在"图层"面板中单击"创建新的填充或调整图层"按钮❶，在弹出的菜单中选择"阈值"命令❷，在弹出的"阈值"调整面板中设置参数为 17，如图 6-32 所示。

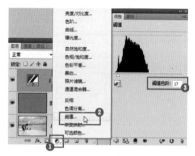

图 6-32 调整阈值

4. 设置"阈值色阶"后，在图像中会出现多个黑色区域与大面积的白色区域，此时的黑色就是灰色区域，使用 ✎（颜色取样器工具）❶在黑色上面单击对其进行标记❷，如图 6-33 所示。

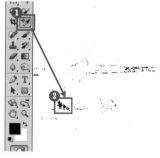

图 6-33 设置标记

**技巧** 在图像中存在多个黑色区域时可以对其进行多个标记，好处是一个标记产生的效果不好可以马上换另一个，既节省时间，又便于观察。

5. 标记设置完毕后，在"图层"面板中将"阈值 1"和"图层 1"两个图层进行隐藏❸，此时的"图层"面板如图 6-34 所示。

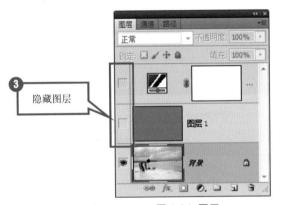

图 6-34 图层

6. 执行菜单中"图像 > 调整 > 色阶"命令，打开"色阶"对话框，单击 ✐（设置灰场）按钮❹，如图 6-35 所示。

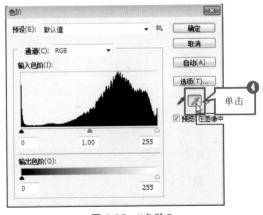

图 6-35 "色阶"

7. 将鼠标指针移入刚才设置的标记上并单击，此时会发现偏色的照片已经恢复了色彩，如图 6-36 所示。

图 6-36 最终效果

((( ● **温馨提示** 在 Photoshop 中使用"色阶"命令中 ✐（设置灰场）工具清除色偏的方法，同样可以在"曲线"命令中应用。

### 知识拓展：增加图像层次感

"色阶"与"曲线"不但能够修正偏色还可以加强图像的层次感，具体操作如下。

### 操作步骤：

1. 执行菜单中的"文件 > 打开"命令或按【Ctrl+O】快捷键，打开随书附带光盘中的"素材文件 / 第 6 章 / 睡觉宝宝 .jpg"素材，如图 6-37 所示。由于拍摄原因导致照片的层次感不强，下面就通过"色阶"命令来增强照片的层次感。

图 6-37 素材

2. 打开素材后，执行菜单中的"图像＞调整＞色阶"命令或按【Ctrl+L】快捷键，打开"色阶"对话框，在"输入色阶"选项区域中设置"阴影"为"4" ❶、"中间调"为"1.14" ❷、"高光"为"196" ❸，其他参数不变，如图6-38所示。调整后如图6-39所示。

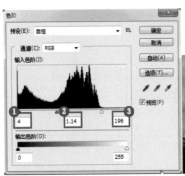

图6-38 "色阶"对话框　　　　图6-39 调整后

技巧 在"色阶"对话框中调整图像层次感，最直观的操作是将"阴影"和"高光"控制滑块向中间直方图中分布密集区域拖动，即可增强图像层次感。

3. 选择"蓝"通道，设置参数如图6-40所示。

4. 设置完毕单击"确定"按钮，效果如图6-41所示。

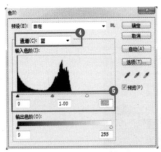

图6-40 色阶　　　　图6-41 最终效果

## 6.4

# 处理黑白单色艺术照片

彩色照片看久了总想改变一下风格，在 Photoshop 中将彩色照片变为单色效果非常简单，处理后的效果也是非常耐看的。

### 6.4.1 使用去色命令去掉图像颜色

使用"去色"命令可以将当前模式中的色彩去掉，将其变为当前模式下的灰度图像，执行菜单中的"图像 > 调整 > 去色"命令，即可将彩色图像去掉颜色，效果如图 6-42 所示。

原图

去色后

图 6-42 去色后的对比效果

**知识拓展：**

在没有数码相机之前，照片的底片都是当前照片的负片效果，通过 Photoshop 制作照片底片是非常快捷的，打开图片后执行菜单中"图像 > 调整>反相"命令，即可将彩色图像变为底片效果的负片，如图6-43所示。

原图

去色后

图 6-43 反相后

### 6.4.2 使用黑白命令制作单色艺术照片

使用"黑白"命令可以将图像调整为较艺术的黑白效果，也可以调整为不同单色的艺术效果，具体操作如下。

**操作步骤：**

1. 执行菜单中的"文件 > 打开"命令或按【Ctrl+O】快捷键，打开随书附带光盘中的"素材文件 / 第 6 章 / 拳击 .jpg"素材，如图 6-44 所示。下面我们就将这张照片处理为单色艺术效果。

图 6-44 素材

2. 打开素材后，执行菜单中的"图像 > 调整 > 黑白"命令，打开"黑白"对话框，其中的参数值设置如图 6-45 所示

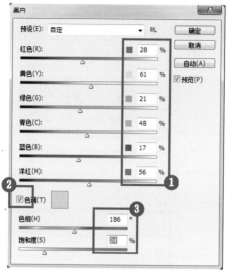

图 6-45 "黑白"对话框

((( ● **温馨提示** 在"黑白"对话框中单击"自动"按钮，系统会自动通过计算对照片进行最佳状态的调整，对于初学者单击该按钮就可以完成调整效果，非常方便。

3. 设置完毕单击"确定"按钮，效果如图 6-46 所示。

图 6-46 最终效果

**操作延伸:**

执行菜单中的"图像 > 调整 > 黑白"命令,会打开如图 6-47 所示的"黑白"对话框。

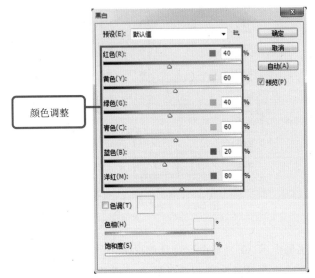

颜色调整

图 6-47 "黑白"对话框

其中的各项含义如下(重复或大致相同的选项设置就不做介绍了)。

◉ 颜色调整:包括对红色、黄色、绿色、青色、蓝色和洋红的调整,可以在文本框中输入数值,也可以直接拖动控制滑块来调整颜色。

◉ 色调:勾选该复选框后,可以激活"色相"和"饱和度"来制作其他单色效果。

> **技巧** 在使用"黑白"命令调整图像时,可以直接将鼠标指针移到图像中左右拖动,即可在对话框中更改相应颜色的参数值。

# 6.5

# 调整图像颜色的鲜艳度

拍摄相片时由于拍摄环境或光源的影响，使拍出照片的颜色不是非常鲜艳，看起来有一种旧照片的感觉。或拍摄的相片放置的时间较长时，相片的颜色会褪色，从而影响大家对相片的观赏乐趣，下面我们就将退色的照片输入到计算机中应用 Photoshop 将其还原为最初的效果。

## 6.5.1 使用自然饱和度增强鲜艳度（CS4 新增功能）

使用"自然饱和度"命令可以将图像进行灰色调到饱和色调的调整，用于提升不够饱和的图片，或调整出非常优雅的灰色调，具体操作如下。

**操作步骤：**

1. 执行菜单中的"文件 > 打开"命令或按【Ctrl+O】快捷键，打开随书附带光盘中的"素材文件/第6章/仿古建筑.jpg"素材，如图6-48所示。

2. 打开素材后，执行菜单中的"图像 > 调整 > 自然饱和度"命令，打开"自然饱和度"对话框，设置"自然饱和度"为"66"❶、"饱和度"为"24"❷，如图6-49所示。

图 6-48 素材　　　图 6-49 "自然饱和度"对话框

 **技巧** "自然饱和度"正值加色，负值减色。

3. 设置完毕单击"确定"按钮，应用"自然饱和度"命令调整颜色浓度后的效果，如图 6-50 所示。

图 6-50 自然饱和度调整后

**操作延伸：**

执行菜单中的"图像 > 调整 > 自然饱和度"命令，会打开如图 6-51 所示的"自然饱和度"对话框。

图 6-51 "自然饱和度"对话框

其中的各项含义如下（重复或大致相同的选项设置就不做介绍了）。

◉ 自然饱和度：可以将图像进行从灰色调到饱和色调的调整，用于提升不够饱和度的图片，或调整出非常优雅的灰色调，取值范围是 −100 ～ 100，数值越大色彩越浓烈，如图 6-52 所示。

图 6-52 自然饱和度

◉ 饱和度：通常指的是一种颜色的纯度，颜色越纯，饱和度就越大；颜色纯度越低，相应颜色的饱和度就越小，取值范围是 −100 ～ 100，数值越小颜色纯度越小，越接近灰色。

## 6.5.2 使用色相 / 饱和度制作怀旧样式

使用"色相 / 饱和度"命令可以调整整个图片或图片中单个颜色的色相、饱和度和亮度，因为具有此功能所以能够轻松调整图像的色调以及饱和效果，具体操作如下。

**操作步骤：**

1. 执行菜单中的"文件 > 打开"命令或按【Ctrl+O】快捷键，打开随书附带光盘中的"素材文件 / 第 6 章 /mini 汽车 .jpg"素材，如图 6-53 所示。

2. 打开素材后，执行菜单中的"图像 > 调整 > 色相 / 饱和度"命令，打开"色相 / 饱和度"对话框，默认状态设置"饱和度"为"-66"❶、"明度"为"6"❷，其他参数不变，如图 6-54 所示。

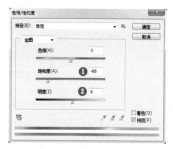

图 6-53 素材　　　　　图 6-54 "色相 / 饱和度"对话框

**技巧** 当图像中存在选区的时候，使用"色相 / 饱和度"命令调整色相时只对图像中选区内的图像起作用；当使用"色相 / 饱和度"命令调整灰度图像时一定要勾选"着色"复选框。

3. 设置完毕单击"确定"按钮，效果如图 6-55 所示。

图 6-55 色相／饱和度调整后

**操作延伸：**

执行菜单中的"图像＞调整＞色相／饱和度"命令，会打开如图 6-56 所示的"色相／饱和度"对话框。

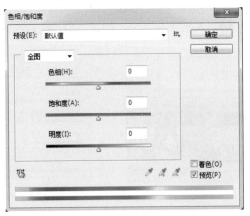

图 6-56 "色相／饱和度"对话框

其中的各项含义如下（重复或大致相同的选项设置就不做介绍了）。

◉ 预设：系统保存的调整数据。

◉ 编辑：用来设置调整的颜色范围，单击右边的倒三角即可弹出下拉列表，如图 6-57 所示。

图 6-57 下拉列表

⊙ 色相：通常指的是颜色，即红色、黄色、绿色、青色、蓝色和洋红。

⊙ 饱和度：通常指的是一种颜色的纯度，颜色越纯，饱和度就越大；颜色纯度越低，相应颜色的饱和度就越小。

⊙ 明度：通常指的是色调的明暗度。

⊙ 着色：勾选该复选框后，只可以为全图调整色调，并将彩色图像自动转换成单一色调的图片。

⊙ 按图像选取点调整图像饱和度：单击此按钮，使用鼠标在图像的相应位置拖动时，会自动调整被选取区域颜色的饱和度，如图 6-58 所示。

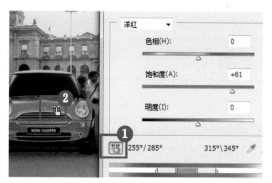

图 6-58 按图像选取点调整图像饱和度

在"色相/饱和度"对话框的"编辑"下拉列表中选择单一颜色后，"色相/饱和度"对话框的其他功能会被激活，如图 6-59 所示。

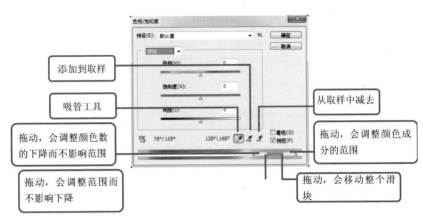

添加到取样

吸管工具

拖动，会调整颜色数的下降而不影响范围

拖动，会调整范围而不影响下降

从取样中减去

拖动，会调整颜色成分的范围

拖动，会移动整个滑块

图 6-59 "色相 / 饱和度"对话框

其中的各项含义如下（重复或大致相同的选项设置就不做介绍了）。

◉ 吸管工具：可以在图像中选择具体编辑色调。

◉ 添加到取样：可以在图像中为已选取的色调再增加调整范围。

◉ 从取样中减去：可以在图像中为已选取的色调减小调整范围。

## 6.6 自动调整曝光

在拍照时经常会出现由于曝光不足而产生画面发灰或发黑的效果，从而影响照片的质量，要想将照片以最佳的状态进行储存，一是在拍照时调整好光圈、角度和位置，来得到最佳效果；一是将照片拍坏后，使用 Photoshop 对其进行修改，已得到最佳效果。使用"自动对比度"命令可以自动调整图像中颜色的总体对比度。打开图像后，执行菜单中的"图像 / 自动对比度"命令，即可完成图像的对比度调整，效果如图 6-60 所示。

原图

自动对比度后

图 6-60　自动对比度的对比效果

# 手动调整曝光

照片曝光效果不好时使用自动调整得到的效果如果不满意，此时我们利用 Photoshop 中的手动调整功能能够更好地调整效果。

## 6.7.1　使用"曝光度"命令调整曝光

使用"曝光度"命令可以调整 HDR 图像的色调，它可以是 8 位或 16 位图像，可以对曝光不足或曝光过度的图像进行调整，具体操作如下。

**操作步骤：**

1. 执行菜单中的"文件 > 打开"命令或按【Ctrl+O】快捷键，打开随书附带光盘中的"素材文件 / 第 6 章 / 曝光不足的照片 2.jpg"素材，如图 6-61 所示。

2. 打开素材后，执行菜单中的"图像 > 调整 > 曝光度"命令，打开"曝光度"对话框，默认状态设置"曝光度"为"2.9" **❶**、"灰度系数校正"为"1.09"❷，其他参数不变，如图 6-62 所示。

图 6-61 素材

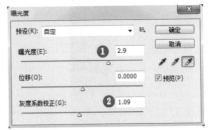
图 6-62 "色相 - 饱和度"对话框

3. 设置完毕单击"确定"按钮，效果如图 6-63 所示。

图 6-63 曝光度调整后

**操作延伸：**

执行菜单中的"图像 > 调整 > 曝光度"命令，会打开如图 6-64 所示的"曝光度"对话框。

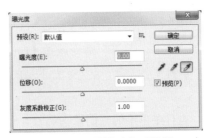
图 6-64 "曝光度"对话框

其中的各项含义如下（重复或大致相同的选项设置就不做介绍了）。

◉ 曝光度：用来调整色调范围的高光端，该选项可对极限阴影产生轻微影响。

◉ 位移：用来使阴影和中间调变暗，该选项可对高光产生轻微影响。

◉ 灰度系数校正：用来设置高光与阴影之间的差异。

## 6.7.2 使用"亮度/对比度"命令调整明暗

使用"亮度/对比度"命令可以对图像的整个色调进行调整，从而改变图像的亮度和对比度。"亮度/对比度"命令会对图像的每个像素都进行调整，所以会导致图像细节的丢失。如图 6-65 至图 6-67 所示的图像分别为原图、增加"亮度/对比度"后的效果和减少"亮度/对比度"后的效果。

图 6-65 原图　　图 6-66 增加"亮度/对比度"　图 6-67 减少"亮度/对比度"

执行菜单中的"图像 > 调整 > 亮度/对比度"命令，会打开如图 6-68 所示的"亮度/对比度"对话框。

图 6-68 "亮度/对比度"对话框

其中的各项含义如下（重复或大致相同的选项设置就不做介绍了）。

◉ 亮度：用来控制图像的明暗度，负值会将图像调暗，正值可以加亮图像，取值范围是 −100 ～ 100。

◉ 对比度：用来控制图像的对比度，负值会将降低图像对比度，正值可以加大图像对比度，取值范围是 −100 ～ 100。

◉ 使用旧版：使用老版本的"亮度 / 对比度"命令调整图像。

### 6.7.3 使用"阴影 / 高光"命令调整背景

使用"阴影 / 高光"命令主要是修整在强背光条件下拍摄的照片。执行菜单栏中 "图像 > 调整 > 阴影 / 高光"命令，会打开如图 6-69 所示的"阴影 / 高光"对话框。

图 6-69 "阴影 / 高光"对话框

其中的各项含义如下（重复或大致相同的选项设置就不做介绍了）。

◉ 阴影：用来设置暗部在图像中所占的数量多少。

◉ 高光：用来设置亮部在图像中所占的数量多少。

◉ 显示其他选项：勾选该复选框可以显示"阴影 / 高光"对话框的详细内容，如图 6-70 所示。

图 6-70 "阴影 / 高光"对话框

- 数量：用来调整"阴影"或"高光"的浓度。"阴影"的"数量"越大，图像上的暗部就越亮；"高光"的"数量"越大，图像上的亮部就越暗。

- 色调宽度：用来调整"阴影"或"高光"的色调范围。"阴影"的"色调宽度"数值越小，调整的范围就越集中于暗部；"高光"的"色调宽度"数值越小，调整的范围就越集中于亮部。当"阴影"或"高光"的值太大时，也可能会出现色晕。

- 半径：用来调整每个像素周围的局部相邻像素的大小，相邻像素用来确定像素是在"阴影"还是在"高光"中。通过调整"半径"值，可获得焦点对比度与背景相比的焦点的级差加亮（或变暗）之间的最佳平衡。

- 颜色校正：用来校正图像中已做调整的区域色彩，数值越大，色彩饱和度就越高；数值越小，色彩饱和度就越低。

- 中间调对比度：用来校正图像中中间调的对比度，数值越大，对比度越高；数值越小，对比度就越低。

- 修剪黑色 / 白色：用来设置在图像中会将多少阴影或高光剪切到新的极端阴影（色阶为 0）和高光（色阶为 255）颜色。数值越大，生成图像的对比度越强，但会丢失图像细节。

## 上机实战 通过"阴影 / 高光"命令调整背光照片

本次实战主要让大家了解使用"阴影 / 高光"命令调整拍照时产生背光效果的方法。

**操作步骤：**

1. 执行菜单中的"文件 > 打开"命令或按【Ctrl+O】快捷键，打开随书附带光盘中的"素材文件 / 第 6 章 / 背光照片 .jpg"素材，如图 6-71 所示。

图 6-71 素材

2. 打开素材后发现照片中人物面部较暗，此时只要执行菜单中的"图像 > 调整 > 阴影 / 高光"命令，打开"阴影 / 高光"对话框，设置参数如图 6-72 所示。

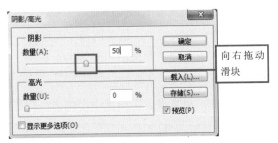

图 6-72 "阴影 / 高光"对话框

3. 设置完毕单击"确定"按钮，调整背光照片后的效果，如图 6-73 所示。

图 6-73 调整背光后

# 6.8

## 替换图像色调

导入计算机中的照片使用 Photoshop 替换图像中某种颜色是非常容易的一件事情，替换后的效果可以让您对这张照片重新喜欢。

### 6.8.1 使用替换颜色命令改变人物的衣服颜色

使用"替换颜色"命令可以将图像中的某种颜色提出并替换成另外的颜色，原理是在图像中基于一种特定的颜色创建一个临时蒙版，然后替换图像中的特定颜色，本节为大家讲解替换照片中模特衣服的颜色，具体操作如下。

**操作步骤：**

1. 执行菜单中的"文件 > 打开"命令或按【Ctrl+O】快捷键，打开随书附带光盘中的"素材文件/第6章/小朋友.jpg"素材，如图6-74所示。

图 6-74 素材

2. 打开素材后，执行菜单栏中"图像 > 调整 > 替换颜色"命令，打开"替换颜色"对话框，勾选"选区"单选框❶，不勾选"本地化颜色簇"复选框❷，选择（吸管工具）📷❸在小朋友衣服上单击❹，然后再在"替换"部分调整参数❺，如图6-75所示。

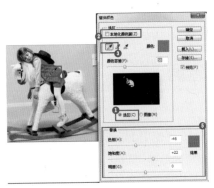

图 6-75 "替换颜色"对话框

3. 在使用（添加到取样） 6，在衣服上没有替换的红色上单击 7，再调整"颜色容差"为"93" 8，如图 6-76 所示。

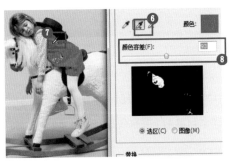

图 6-76 替换颜色

4. 设置完毕单击"确定"按钮，效果如图 6-77 所示。

图 6-77 替换后

**操作延伸：**

执行菜单中的"图像 > 调整 > 替换颜色"命令，会打开如图 6-78 所示的"替换颜色"对话框。

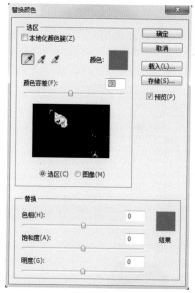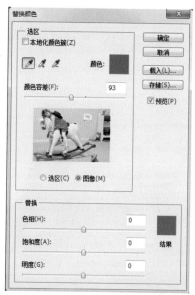

图 6-78 "替换颜色"对话框

其中的各项含义如下（重复或大致相同的选项设置就不做介绍了）。

⊙ 本地化颜色簇：勾选此复选框时，设置替换范围会被集中在选取点的周围。

⊙ 颜色容差：用来设置被替换的颜色的选取范围。数值越大，颜色的选取范围就越广，数值越小，颜色的选取范围就越窄。

⊙ 选区：勾选该单选框，将在预览框中显示蒙版，未蒙版的区域显示白色，就是选取的范围，蒙版的区域显示黑色，就是未选取的区域，部分被蒙版区域（覆盖有半透明蒙版）会根据不透明度而显示不同亮度的灰色，如图 6-77 所示。

⊙ 图像：勾选该单选框，将在预览框中显示图像，如图 6-78 所示。

⊙ 替换：用来设置替换后的颜色。

### 6.8.2 使用可选颜色替换头发颜色

使用"可选颜色"命令可以调整任何主要颜色中的印刷色数量而不影响其他颜色,例如在调整"红色"颜色中的"黄色"的数量多少后,而不影响"黄色"在其他主色调中的数量,从而可以对颜色进行校正与调整。调整方法是:选择要调整的颜色,再拖动该颜色中调整滑块即可完成,如图 6-79 所示。

图 6-79 可选颜色替换头发颜色

执行菜单中的"图像 > 调整 > 可选颜色"命令,会打开如图 6-80 所示的"可选颜色"对话框。

其中的各项含义如下(重复或大致相同的选项设置就不做介绍了)。

⦿ 颜色:在下拉菜单中可以选择要进行调整的颜色,如图6-81所示。

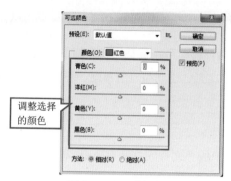

图 6-80 "可选颜色"对话框

图 6-81 颜色下拉列表

- 调整选择的颜色：输入数值或拖动控制滑块改变青色、洋红、黄色和黑色含量。

- 相对：勾选该单选框，可按照总量的百分比调整当前的青色、洋红、黄色和黑色的量。如为起始含有 40% 洋红色的像素增加 20%，则该像素的洋红色含量为 50%。

- 绝对：勾选该单选框，可对青色、洋红、黄色和黑色的量采用绝对值调整。如为起始含有 40% 洋红色的像素增加 20%，则该像素的洋红色含量为 60%

> **技巧** "可选颜色"命令主要用于微调颜色，从而进行增减所用颜色的油墨百分比，在"信息"面板弹出菜单中选择"面板选项"命令，将"模式"设置为"油墨总量"，将吸管移到图像便可以查看油墨的总体百分比。

### 6.8.3 使用通道混合器调整色调

使用"通道混合器"命令调整图像，指的是通过从单个颜色通道中选取它所占的百分比来创建高品质的灰度、棕褐色调或其他彩色的图像，具体操作如下。

**操作步骤：**

1. 执行菜单中的"文件 > 打开"命令或按【Ctrl+O】快捷键，打开随书附带光盘中的"素材文件 / 第 6 章 / 风景 .jpg"素材，如图 6-82 所示。

图 6-82 素材

2. 打开素材后，执行菜单栏中"图像 > 调整 > 通道混合器"命令，打开"通道混合器"对话框，选择"输出通道"为"红"❶，设置"原通道"参数❷，其他参数不变，如图 6-83 所示。

图 6-83 "通道混合器"对话框

3. 设置完毕单击"确定"按钮，效果如图 6-84 所示。

图 6-84 调整后

**操作延伸：**

执行菜单中的"图像 > 调整 > 通道混合器"命令，会打开如图 6-85 所示的"通道混合器"对话框。

图 6-85 "通道混合器"对话框

其中的各项含义如下（重复或大致相同的选项设置就不做介绍了）。

⦿ 预设：系统保存的调整数据。

⦿ 输出通道：用来设置调整图像的通道。

⦿ 源通道：根据色彩模式的不同会出现不同的调整颜色通道。

⦿ 常数：用来调整输出通道的灰度值。正值可增加白色，负值可增加黑色。200% 时输出的通道为白色；−200% 时输出的通道为黑色。

◉ 单色：勾选该复选框，可将彩色图片变为单色图像，而图像的颜色模式与亮度保持不变。

**知识拓展：**

在"通道混合器"对话框中选择不同通道后，调整的通道对应色调也是不同的，之前选的是"红"通道，得到调整图像只能在红通道中进行，选择"蓝"通道将会在蓝通道中调整色调，如图 6-86 所示。

图 6-86 蓝通道调整

# 匹配图像

使用"颜色匹配"命令可以匹配不同图像、多个图层或多个选区之间的颜色，将其保持一致。当一个图像中的某些颜色与另一个图像中的颜色一致时，作用非常明显，具体操作如下。

**操作步骤：**

1. 执行菜单中的"文件 > 打开"命令或按【Ctrl+O】快捷键，打开随书附带光盘中的"素材文件 / 第 6 章 / 图 1.jpg 和图 2.jpg"素材，如图 6-87 所示。

图 6-87 素材

2. 打开素材后，选择"图2"，执行菜单栏中"图像 > 调整 > 匹配颜色"命令，打开"匹配颜色"对话框，设置"图像统计"中"源"为"图 1.jpg" ❶，其他参数不变，如图 6-88 所示。

图 6-88 "匹配颜色"对话框

3. 设置完毕单击"确定"按钮，匹配效果如图 6-89 所示。

图 6-89 匹配效果

**操作延伸:**

执行菜单中的"图像 > 调整 > 匹配颜色"命令,会打开如图 6-90 所示的"匹配颜色"对话框。

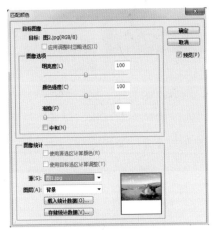

图 6-90 "匹配颜色"对话框

其中的各项含义如下(重复或大致相同的选项设置就不做介绍了)。

- ⊙ 目标图像:当前打开的工作图像,其中的"应用调整时忽略选区"复选框指的是在调整图像时会忽略当前选区的存在,只对整个图像起作用。

- ⊙ 图像选项:调整被匹配图像的选项。

  - 亮度:控制当前目标图像的明暗度。当数值为 100 时目标图像将会与源图像拥有一样的亮度,当数值变小图像会变暗;当数值变大图像会变亮。

  - 颜色强度:控制当前目标图像的饱和度,数值越大,饱和度越强。

  - 渐隐:控制当前目标图像的调整强度,数值越大调整的强度越弱。

  - 中和:勾选该复选框可消除图像中的色偏。

◉ 图像统计：设置匹配与被匹配的选项设置。

- 使用源选区计算颜色：如果在源图像中存在选区，勾选该复选框，可对源图像选区中颜色计算调整，不勾选该复选框，则会使用整幅图像进行匹配。

- 使用目标选区计算调整：如果在目标图像中存在选区，则勾选该复选框，可以对目标选区进行计算调整。

- 源：在下拉菜单中可以选择用来与目标相匹配的源图像。

- 图层：用来选择匹配图像的图层。

- 载入统计数据：单击此按钮，可以打开载入对话框，找到已存在的调整文件。此时，无须在 Photoshop 中打开源图像文件，就可以对目标文件进行匹配。

- 存储统计数据：单击此按钮，可以将设置完成的当前文件进行保存。

# 映射图像为单色图像

使用"渐变映射"命令可以将相等的灰度颜色进行等量递增或递减运算而得到渐变填充效果。如果指定双色渐变填充，图像中暗调映射到渐变填充的一个端点颜色，高光映射到渐变填充的一个端点颜色，中间调映射为两种颜色混合的结果，具体操作如下。

**操作步骤：**

1. 执行菜单中的"文件 > 打开"命令或按【Ctrl+O】快捷键，打开随书附带光盘中的"素材文件 / 第 6 章 / 汽车 .jpg"素材，如图 6-91 所示。

图 6-91 素材

2. 打开素材后，将前景色设置为"蓝色"、背景色设置为"白色"❶，执行菜单中的"图像 > 调整 > 渐变映射"命令，打开"渐变映射"对话框，单击"灰度映射所用的渐变"颜色条右边的倒三角形按钮❶，在弹出的"渐变拾色器"中选择"从前景色到背景色渐变"❶，如图 6-92 所示。

图 6-92 "渐变映射"对话框

3. 设置完毕单击"确定"按钮。应用"渐变映射"制作单色图像后的效果，如图 6-93 所示。

图 6-93 单色映射

**操作延伸：**

执行菜单中的"图像 > 调整 > 渐变映射"命令，会打开如图 6-94 所示的"渐变映射"对话框。

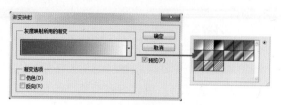

图6-94 "渐变映射"对话框

其中的各项含义如下（重复或大致相同的选项设置就不做介绍了）。

◉ 灰度映射所用的渐变：单击渐变颜色条右边的倒三角形按钮，在打开的下拉菜单中可以选择系统预设的渐变类型，作为映射的渐变色。单击渐变颜色条会弹出"渐变编辑器"对话框，在对话框中可以自己设定喜爱的渐变映射类型。

◉ 仿色：用来平滑渐变填充的外观并减少带宽效果。

◉ 反向：用于切换渐变填充的顺序。

## 6.11 更改图像为黄昏效果

使用"照片滤镜"命令可以将图像调整为冷、暖色调。执行菜单中的"图像>调整>照片滤镜"命令，会打开如图6-95所示的"照片滤镜"对话框。

图6-95 "照片滤镜"对话框

其中的各项含义如下（重复或大致相同的选项设置就不做介绍了）。

- ⊙ 滤镜：选择此单选框后，可以在右面的下拉列表中选择系统预设的冷、暖色调选项。
- ⊙ 颜色：选择此单选框后，可以根据后面"颜色"图标弹出的"选择路径颜色拾色器"对话框选择定义冷、暖色调的颜色。
- ⊙ 浓度：用来调整应用到照片中的颜色数量，数值越大，色彩越接近饱和。

**上机实战** 更改图像为黄昏效果

本次实战主要让大家了解使用"照片滤镜"命令调整图像为黄昏效果。

**操作步骤：**

1. 执行菜单中的"文件＞打开"命令或按【Ctrl+O】快捷键，打开随书附带光盘中的"素材文件/第6章/风景2.jpg"素材，如图6-96所示。

图 6-96 素材

2. 打开素材后，按【Ctrl+J】快捷键复制背景得到图层 1，隐藏"图层 1"，选择"背景"图层。执行菜单中的"图像＞调整＞照片滤镜"命令，打开"照片滤镜"对话框，设置参数如图 6-97 所示。

3. 设置完毕单击"确定"按钮。再执行菜单中"图像＞调整＞色阶"命令，打开"色阶"对话框，其中的参数值设置如图 6-98 所示。

图 6-97 "照片滤镜"对话框

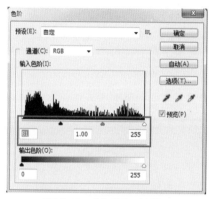

图 6-98 "色阶"对话框

4. 设置完毕单击"确定"按钮,效果如图 6-99 所示。

图 6-99 调整后

5. 显示"图层 1"设置"不透明度"为 28%,如图 6-100 所示。

6. 至此本实战制作完毕,效果如图 6-101 所示。

图 6-100 图层

图 6-101 黄昏效果

## 6.12 习题

**习题**

1. 下面哪个是打开"色阶"对话框的快捷键?

    A. Ctrl+L         B. Ctrl+ U         C. Ctrl+A         D. Shift+Ctrl+L

2. 下面哪个是打开"色相 / 饱和度"对话框的快捷键?

    A. Ctrl+L         B. Ctrl+U         C. Ctrl+B         D. Shift+Ctrl+U

3. 下面哪几个功能可以调整色调?

    A. 色相 / 饱和度             B. 亮度 / 对比度

    C. 自然饱和度               D. 通道混合器

4. 可以得到底片效果的命令是哪个?

    A. 色相 / 饱和度         B. 反相     C. 去色         D. 色彩平衡

# 第7章

# 图层的基本操作

本章重点：

⊙ 了解 Photoshop 中图层的基本操作

⊙ 图层样式

⊙ 混合模式

本章将为大家介绍在处理图像时 Photoshop 软件中图层的作用和基本操作。

# 认识图层

对图层进行操作可以说是 Photoshop 中使用最为频繁的一项工作。通过建立图层，然后在各个图层中分别编辑图像中的各个元素，可以产生既富有层次，又彼此关联的整体图像效果。所以在编辑图像的同时图层是必不可缺的。

## 7.1.1 什么是图层

每一个图层都是由许多像素组成的，而图层又通过上下叠加的方式来组成整个图像。打个比喻，每一个图层就好似是一个透明的"玻璃"，而图层内容就画在这些"玻璃"上，如果"玻璃"什么都没有，这就是个完全透明的空图层，当各"玻璃"都有图像时，自上而下俯视所有图层，从而形成图像显示效果，对图层的编辑可以通过菜单或面板来完成。"图层"被存放在"图层"面板中，其中包含当前图层、文字图层、背景图层、智能对象图层等。执行菜单中的"窗口＞图层"命令，即可打开"图层"面板，"图层"面板中所包含的内容如图 7-1 所示。

其中的各项含义如下（重复或大致相同的选项设置就不做介绍了）。

- 混合模式：用来设置当前图层中图像与下面图层中图像的混合效果。
- 不透明度：用来设置当前图层的透明程度。
- 锁定透明像素：图层透明区域将会被锁定，此时图层中的不透明部分可以被移动并可以对其进行编辑，例如使用画笔在图层上绘制时只能在有图像的地方绘制。

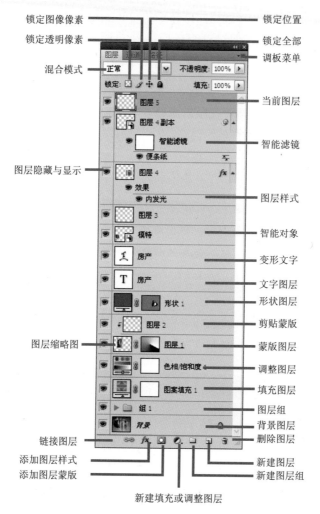

锁定图像像素　　　　　　　　　　　锁定位置
锁定透明像素　　　　　　　　　　　锁定全部
混合模式　　　　　　　　　　　　　调板菜单
当前图层
智能滤镜
图层隐藏与显示
图层样式
智能对象
变形文字
文字图层
形状图层
剪贴蒙版
图层缩略图
蒙版图层
调整图层
填充图层
图层组
背景图层
链接图层
删除图层
添加图层样式
新建图层
添加图层蒙版
新建图层组
新建填充或调整图层

图 7-1 "图层"面板

- 锁定图像像素：图层内的图像可以被移动和变换，但是不能对该图层进行填充、调整或应用滤镜。
- 锁定位置：图层内的图像是不能被移动的，但是可以对该图层进行编辑。

- ◉ 锁定全部：用来锁定图层的全部编辑功能。
- ◉ 面板菜单：单击此按钮可弹出"图层"面板的编辑菜单用于在图层中的编辑操作。
- ◉ 图层的显示与隐藏：单击即可将图层在显示与隐藏之间转换。
- ◉ 图层：用来显示"图层"面板中可以编辑的各种图层。
- ◉ 链接图层：可以将选中的多个图层进行链接。
- ◉ 添加图层样式：单击此按钮可弹出"图层样式"下拉列表，在其中可以选择相应的样式到图层中。
- ◉ 添加图层蒙版：单击此按钮可为当前图层创建一个蒙版。
- ◉ 新建填充或调整图层：单击此按钮在下拉列表可以选择相应的填充或调整命令，之后会在"调整"面板中进行进一步的编辑。
- ◉ 新建图层组：单击此按钮会在"图层"面板新建一个用于放置图层的组。
- ◉ 新建图层：单击此按钮会在"图层"面板新建一个空白图层。
- ◉ 删除图层：单击此按钮可以将当前图层从"图层"面板中删除。

### 7.1.2 图层的原理

图层与图层之间并不等于完全的白纸与白纸的重合，图层的工作原理类似于在印刷上使用的一张张重叠在一起的醋酸纤纸，透过图层中透明或半透明区域，您可以看到下一图层相应区域的内容，如图 7-2 所示。

图 7-2 图层原理

# 7.2 图层的基本编辑

在 Photoshop 中编辑图像时"图层"是不可缺少的一项功能，在对图层中的图像进行编辑的同时一定要了解关于图层方面的一些基本编辑功能，本节就为大家详细介绍一些关于图层方面的基本编辑操作。

## 7.2.1 选择所有图层

使用鼠标在"图层"面板中的图层上单击即可选择该图层并将其变为当前工作图层。按住【Ctrl】键或【Shift】键在面板中单击不同图层，可以选择多个图层，如图 7-3 所示。按【Shift】键单击最顶层的图层，再单击最底下的图层可以将"图层"面板中的所有图层一同选取，如图 7-4 所示。

选择多个图层

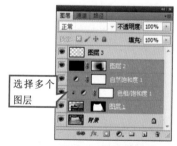

图 7-3 选择多个图层

选择所有图层

图 7-4 选择所有图层

))) ● **温馨提示** 使用 🞥 (移动工具) 在选项栏中设置"自动选择图层"功能后，在图像上单击，即可将该图像对应的图层选取。

))) ● **温馨提示** 执行菜单中"选择 > 所有图层"命令，可以将"图层"面板中除背景以外的图层全部选取，如图 7-5 所示。

图 7-5 选择图层

## 7.2.2 取消选择图层

图层被选取后,执行菜单中"选择 > 取消选择图层"命令,可以将选取的图层变为非选取状态。

## 7.2.3 相似图层

在"图层"面板中任意选择一个图层后,执行菜单中"选择 > 相似图层"命令,可以将面板中与之前选取图层类型相似的图层一同选取,不相似的图层将不会被选取,如图 7-6 所示。

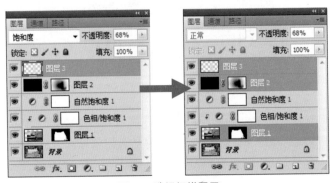

图 7-6 选择相似图层

### 7.2.4 隐藏与显示图层

隐藏与显示图层可以将被选择图层中的图像在文档中进行隐藏与显示。方法是在"图层"面板中单击图层左边的图标 👁 即可将图层在显示与隐藏之间转换，如图 7-7 所示。

图 7-7 隐藏与显示图层

### 7.2.5 链接图层与移动图层对象

**链接图层**

链接图层可以将两个以上的图层链接到一起，被链接的图层可以被一同移动或变换。链接方法是在"图层"面板中按【Ctrl】键，在要连接的图层上单击，将其选中后，单击"图层"面板中的"链接图层"按钮 ⇔，此时在面板中会在链接图层中出现链接符号 ⇔，如图 7-8 所示。

图 7-8 链接图层

**移动图层对象**

在"图层"面板中选择其中的一个图层后，使用 ⊕（移动工具）在窗口中拖动鼠标会将对应图层中的对象移动位置，如果是链接图层可以移动被链接图层中所有对象的位置，如图 7-9 所示。

图 7-9　移动图层对象

### 7.2.6　新建图层调整图层顺序

#### 新建图层

新建图层指的是在原有图层或图像上新建一个可用于参与编辑的空白图层，创建图层可以在"图层"菜单中完成也可以直接通过"图层"面板来完成，创建新图层方法如下：

1. 执行菜单中的"图层 > 新建 > 图层"命令或按【Shift+Ctrl+N】快捷键，可以打如图 7-10 所示的"新建图层"对话框。

图 7-10　"新建图层"对话框

其中的各项含义如下（重复或大致相同的选项设置就不做介绍了）。

⊙ 名称：用来设置新建图层的名称。

⊙ 使用前一图层创建剪贴蒙版：新建的图层将会与它下面的图层创建剪贴蒙版，如图 7-11 所示。

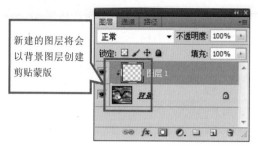

图 7-11 剪贴蒙版

- ◉ 颜色：用来设置新建图层在面板中显示的颜色，在下拉列表中选择"红色"，效果如图 7-12 所示。

图 7-12 图层颜色

- ◉ 模式：用来设置新建图层与下面图层的混合效果。
- ◉ 不透明度：用来设置新建图层的透明程度。
- ◉ 正常模式不存在中性色：该选项只有选择除"正常"以外的模式时才会被激活，选择"变暗"，填充效果如图 7-13 所示。

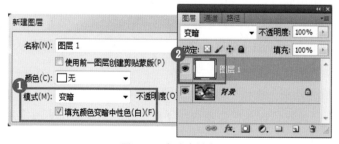

图 7-13 变暗中性色

2. 在"图层"面板中单击"创建新图层"按钮 ，在"图层"面板中就会新创建一个图层，如图 7-14 所示。

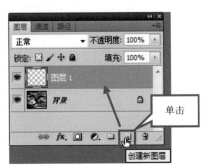

图 7-14 创建新图层

> **技巧** 拖动图像到当前文档中，可以为被拖动的图像新建一个图层。

> **技巧** 文字图层可以通过"栅格化 > 文字或栅格化 > 图层"命令转换为普通图层；执行菜单中"图层 > 新建 > 背景图层"命令可以将当前图层变为背景图层

### 调整图层顺序

更改图层顺序指的是在"图层"面板中更改图层之间的上下顺序，更改方法如下。

1. 执行菜单中的"图层 > 排列"命令，在弹出的子菜单中选择相应命令就可以对图层的顺序进行改变。

2. 在"图层"面板中拖动当前图层到该图层的上面图层以上或下面图层以下，此时鼠标光标会变成小手状，松开鼠标即可更改图层顺序，如图 7-15 所示。

图 7-15 更改图层顺序

## 7.2.7 命名图层

命名图层指的是为当前选择的图层设置名称，更改方法如下。

1. 执行菜单中的"图层 > 图层属性"命令，可以打开如图 7-16 所示的"图层属性"对话框，在对话框中可以设置当前图层的名称。输入名称后单击"确定"按钮，即可命名。

图 7-16 "图层属性"对话框

2. 在"图层"面板中选择相应图层后双击图层名称，此时文本框会被激活，在其中输入名称，按【Enter】键完成命名设置，效果如图 7-17 所示。

图 7-17 命名图层

### 7.2.8 调整图层不透明度

图层不透明度指的是当前图层中图像的透明程度，调整方法是在文本框中输入文字或拖动控制滑块即可更改图层的不透明度，数值越小图像越透明，如图 7-18 所示。取值范围是 0% ～ 100%。

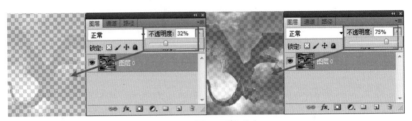

图 7-18 图层不透明度

 **技巧** 使用键盘直接输入数字，即可调整图层的不透明度。

### 7.2.9 调整填充不透明度

填充不透明度指的是当前图层中实际图像的透明程度，图层中的图层样式不受影响。调整方法与图层不透明度一样，如图 7-19 所示图像为添加外发光后调整填充不透明度的效果，取值范围是 0% ～ 100%。

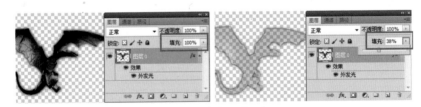

图 7-19 填充不透明度

### 7.2.10 删除图层

删除图层指的是将选择的图层从"图层"面板中清除，清除方法如下。

1. 执行菜单中的"图层 > 删除 > 图层"命令，可以打开如图 7-20 所示的警告对话框，单击"是"按钮即可将其删除。

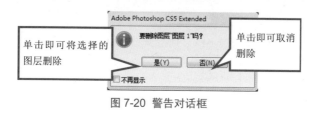

图 7-20 警告对话框

 **温馨提示** 当面板中存在隐藏图层时，执行菜单中的"图层 > 删除 > 隐藏图层"命令，即可将隐藏的图层删除。

2. 在"图层"面板中拖动选择的图层到"删除"按钮 上，即可将其删除。

# 7.3

# 使用图层样式

图层样式指的是在图层中添加样式效果，从而为图层添加投影、外发光、内发光、斜面与浮雕等。用于各个图层样式的使用方法与设置过程大体相同，本节主要讲解"投影"对话框的中各选项的作用。

## 7.3.1 投影

使用"投影"命令可以为当前图层中的图像添加阴影效果，执行菜单中的"图层 > 图层样式 > 投影"命令，即可打开如图 7-21 所示的"投影"对话框。

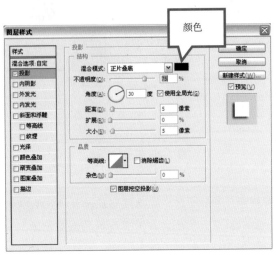

图 7-21 "投影"对话框

其中的各项含义如下（重复或大致相同的选项设置就不做介绍了）。

- 混合模式：用来设置在图层中添加投影的混合效果。

- 颜色：用来设置投影的颜色。

- 不透明度：设置投影的透明程度。

- 角度：用来设置光源照射下投影的方向，可以在文本框中输入文字或直接拖动角度控制杆。

- 使用全局光：勾选该复选框后，在图层中的所有样式都使用一个方向的光源。

- 距离：用来设置投影与图像之间的距离。

- 扩展：用来设置阴影边缘的细节，数值越大投影越清晰；数值越小投影越模糊。

- 大小：用来设置阴影的模糊范围，数值越大，范围越广，投影越模糊；数值越小，投影越清晰。

- 等高线：用来控制投影的外观现状。单击等高线图标右面的倒三角形会弹出"等高线"下拉列表，在其中可以选择相应的投影外观，如图 7-22 所示。在"等高线"图标上双击可以打开"等高线编辑器"对话框，从中可以自定义等高线形状，如图 7-23 所示。

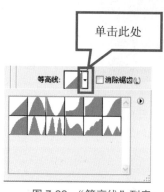

图 7-22 "等高线"列表

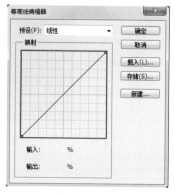

图 7-23 "等高线编辑器"对话框

⊙ 消除锯齿：勾选此复选框，可以消除投影的锯齿，增加投影效果的平滑度。

⊙ 杂色：用来添加投影杂色，数值越大，杂色越多。

设置相应的参数后，单击"确定"按钮，即可为图层添加投影效果果，如图 7-24 所示。

图 7-24 添加投影后的效果

## 7.3.2 内阴影

使用"内阴影"命令可以使图层中的图像产生凹陷到背景中的感觉，执行菜单中的"图层>图层样式>内阴影"命令，设置相应参数后，单击"确定"按钮，即可得到如图 7-25 所示的效果。

图 7-25 添加内阴影后的效果

### 7.3.3 外发光

使用"外发光"命令可以在图层中的图像边缘产生向外发光的效果，执行菜单中的"图层>图层样式>外发光"命令，设置相应参数后，单击"确定"按钮，即可得到如图 7-26 所示的效果。

图 7-26 添加外发光后的效果

### 7.3.4 内发光

使用"内发光"命令可以从图层中的图像边缘向内或从图像中心向外产生扩散发光效果，执行菜单中的"图层>图层样式>内发光"命令，设置相应参数后，单击"确定"按钮，即可得到如图 7-27 所示的效果。

图 7-27 添加内发光后的效果

((( ● **温馨提示** 在"内发光"对话框中勾选"居中"单选框,发光效果是从图像或文字中心向边缘扩散;勾选"边缘"单选框,发光效果是从图像或文字边缘向图像或文字的中心扩散。

### 7.3.5 斜面和浮雕

使用"斜面和浮雕"命令可以为图层中的图像添加立体浮雕效果及图案纹理,执行菜单中的"图层 > 图层样式 > 斜面和浮雕"命令,设置相应参数后,单击"确定"按钮,即可得到如图 7-28 所示的效果。

图 7-28 添加斜面和浮雕后的效果

((( ● **温馨提示** 在"斜面和浮雕"对话框中的"样式"下拉列表中可以选择添加浮雕的样式,其中包括:外斜面、内斜面、浮雕效果、枕状浮雕和描边浮雕 5 项。

((( ● **温馨提示** 对话框中的"等高线"与"纹理"必须结合"斜面和浮雕"一同使用。

### 7.3.6 光泽

使用"光泽"命令可以为图层中的图像添加光源照射的光泽效果，执行菜单中的"图层＞图层样式＞光泽"命令，设置相应参数后，单击"确定"按钮，即可得到如图 7-29 所示的效果。

图 7-29 添加光泽后的效果

### 7.3.7 颜色叠加

使用"颜色叠加"命令可以为图层中的图像叠加一种自定义颜色，执行菜单中的"图层＞图层样式＞颜色叠加"命令，设置相应参数后，单击"确定"按钮，即可得到如图 7-30 所示的效果。

图 7-30 添加颜色叠加后的效果

### 7.3.8 渐变叠加

使用"渐变叠加"命令可以为图层中的图像叠加一种自定义或预设的渐变颜色，执行菜单中的"图层 > 图层样式 > 渐变叠加"命令，设置相应参数后，单击"确定"按钮，即可得到如图 7-31 所示的效果。

图 7-31 添加渐变叠加后的效果

### 7.3.9 图案叠加

使用"图案叠加"命令可以为图层中的图像叠加一种自定义或预设的图案，执行菜单中的"图层 > 图层样式 > 图案叠加"命令，设置相应参数后，单击"确定"按钮，即可得到如图 7-32 所示的效果。

图 7-32 添加图案叠加后的效果

### 7.3.10 描边

使用"描边"命令可以为图层中的图像添加内部、居中或外部的单色、渐变或图案效果，执行菜单中的"图层 > 图层样式 > 描边"命令，设置相应参数后，单击"确定"按钮，即可得到如图 7-33 所示的效果。

图 7-33 添加描边后的效果

 **温馨提示** 大家在应用"描边"样式时，一定要将其与"编辑"菜单下的"描边"命令区别开，"图层样式"中"描边"添加的是样式；"编辑"菜单下的"描边"填充的是像素。

## 7.4 使用混合模式

图层混合模式通过将当前图层中的像素与下面图像中的像素相混合从而产生奇幻效果，当"图层"面板中存在两个以上的图层时，在上面图层设置"混合模式"后，会在"工作窗口"中看到添加该模式后的效果。

在具体讲解图层混合模式之前先向大家介绍 3 种色彩概念。

1. 基色：指的是图像中的原有颜色，也就是我们要用混合模式选项时，两个图层中下面的那个图层。

2. 混合色：指的是通过绘画或编辑工具应用的颜色，也就是我们要用混合模式选项时，两个图层中上面的那个图层。

3. 结果色：指的是应用混合模式后的色彩。

打开两个图像并将其放置到一个文档中，此时在"图层"面板中两个图层中的图像分别是上面的图层图像，如图 7-34 所示，还有下面图层中的图像，如图 7-35 所示。

图 7-34 上面图层的图像

图 7-35 下面图层的图像

在"图层"面板中单击模式后面的倒三角形按钮，会弹出如图 7-36 所示的模式下拉列表。

其中的各项含义如下（重复或大致相同的选项设置就不做介绍了）。

◉ 正常：系统默认的混合模式，"混合色"的显示与不透明度的设置有关。当"不透明度"为 100% 时，上面图层中的图像区域会覆盖下面图层中该部位的区域。只有"不透明度"小于 100% 时才能实现简单的图层混合，如图 7-37 所示的效果为不透明度等于 70%。

◉ 溶解：当不透明度为 100% 时，该选项不起作用。只有当透明度小于 100% 时，"结果色"由"基色"或"混合色"的像素随机替换，如图 7-38 所示。

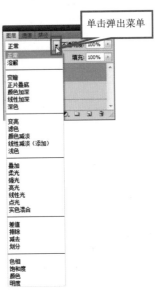

单击弹出菜单

图 7-36 下拉列表

图 7-37 正常模式　　图 7-38 溶解模式

- 变暗：选择"基色"或"混合色"中较暗的颜色作为"结果色"。比"混合色"亮的像素被替换，比"混合色"暗的像素保持不变。"变暗"模式将导致比背景颜色淡的颜色从"结果色"中被去掉，如图 7-39 所示。

- 正片叠底：将"基色"与"混合色"复合。"结果色"总是较暗的颜色。任何颜色与黑色复合产生黑色。任何颜色与白色复合保持不变，如图 7-40 所示。

图 7-39 变暗模式　　图 7-40 正片叠底模式

- 颜色加深：通过增加对比度使基色变暗以反映"混合色"，如果与白色混合的话将不会产生变化，"颜色加深"模式创建的效果和"正片叠底"模式创建的效果比较类似，如图 7-41 所示。

- 线性加深：通过减小亮度使"基色"变暗以反映"混合色"。如果"混合色"与"基色"上的白色混合，将不会产生变化，如图 7-42 所示。

图 7-41 颜色加深模式　　图 7-42 线性加深模式

- 深色：两个图层混合后，通过"混合色"中较亮的区域被"基色"替换来显示"结果色"，如图 7-43 所示。

- 变亮：选择"基色"或"混合色"中较亮的颜色作为"结果色"。比"混合色"暗的像素被替换，比"混合色"亮的像素保持不变。在这种与"变暗"模式相反的模式下，较淡的颜色区域在最终的"结果色"中占主要地位。较暗区域并不出现在最终的"结果色"中，如图 7-44 所示。

图 7-43 深色模式　　　　　图 7-44 变亮模式

- 滤色："滤色"模式与"正片叠底"模式正好相反，它将图像的"基色"颜色与"混合色"颜色结合起来产生比两种颜色都浅的第三种颜色，如图 7-45 所示。

- 颜色减淡：通过减小对比度使"基色"变亮以反映"混合色"。与黑色混合则不发生变化，应用"颜色减淡"混合模式时，"基色"上的暗区域都将会消失，如图 7-46 所示。

图 7-45 滤色模式　　　　　图 7-46 颜色减淡模式

- 线性减淡：通过增加亮度使"基色"变亮以反映"混合色"，与黑色混合时不发生变化，如图 7-47 所示。

- 浅色：两个图层混合后，通过"混合色"中较暗的区域被"基色"替换来显示"结果色"，效果与"变亮"模式类似，如图 7-48 所示。

图 7-47 线性减淡模式　　　　图 7-48 浅色模式

◉ 叠加：把图像的"基色"与"混合色"相混合产生一种中间色。"基色"比"混合色"暗的颜色会加深，比"混合色"亮的颜色将被遮盖，而图像内的高亮部分和阴影部分保持不变，因此对黑色或白色像素着色时，"叠加"模式不起作用，如图 7-49 所示。

◉ 柔光：可以产生一种柔光照射的效果。如果"混合色"比"基色"的像素更亮一些，那么"结果色"将更亮；如果"混合色"比"基色"的像素更暗一些，那么"结果色"颜色将更暗，使图像的亮度反差增大，如图 7-50 所示。

图 7-49 叠加模式　　　　图 7-50 柔光模式

◉ 强光：可以产生一种强光照射的效果。如果"混合色"比"基色"的像素更亮一些，那么"结果色"颜色将更亮；如果"混合色"比"基色"的像素更暗一些，那么"结果色"将更暗。除了根据背景中的颜色而使背景色是多重的或屏蔽的之外，这种模式实质上同"柔光"模式是一样的。它的效果要比"柔光"模式更强烈一些，如图 7-51 所示。

))) 温馨提示 "叠加"与"强光"模式，可以在背景对象的表面模拟图案或文本。

◉ 亮光：通过增加或减小对比度来加深或减淡颜色，具体取决于"混合色"。如果"混合色"（光源）比 50% 灰色亮，则通过减小对比度使图像变亮。如果"混合色"比 50% 灰色暗，则通过增加对比度使图像变暗，如图 7-52 所示。

图 7-51 强光模式　　　　　图 7-52 亮光模式

◉ 线性光：通过减小或增加亮度来加深或减淡颜色，具体取决于"混合色"。如果"混合色"（光源）比 50% 灰色亮，则通过增加亮度使图像变亮。如果"混合色"比 50% 灰色暗，则通过减小亮度使图像变暗，如图 7-53 所示。

◉ 点光：主要就是替换颜色，其具体取决于"混合色"。如果"混合色"比 50% 灰色亮，则替换比"混合色"暗的像素，而不改变比"混合色"亮的像素。如果"混合色"比 50% 灰色暗，则替换比"混合色"亮的像素，而不改变比"混合色"暗的像素。这对于向图像添加特殊效果非常有用，如图 7-54 所示。

图 7-53 线性光模式　　　　图 7-54 点光模式

- ◉ 实色混合：根据"基色"与"混合色"相加产生混合后的"结果色"，该模式能够产生颜色较少、边缘较硬的图像效果，如图7-55 所示。

- ◉ 差值：将从图像中"基色"的亮度值减去"混合色"的亮度值，如果结果为负，则取正值，产生反相效果。由于黑色的亮度值为0，白色的亮度值为255，因此用黑色着色不会产生任何影响，用白色着色则产生与着色的原始像素颜色的反相效果。"差值"模式创建背景颜色的相反色彩，如图7-56 所示。

图 7-55 实色混合模式　　　　图 7-56 差值模式

- ◉ 排除："排除"模式与"差值"模式相似，但是具有高对比度和低饱和度的特点。比用"差值"模式获得的颜色更柔和、更明亮一些，其中与白色混合将反转"基色"值，而与黑色混合则不发生变化，如图7-57 所示。

⊙ 减去：将"基色"与"混合色"中两个象素绝对值相减的值，如图 7-58 所示。

图 7-57 排除模式　　　　　　　图 7-58 减去模式

⊙ 划分：将"基色"与"混合色"中两个象素绝对值相加的值，如图 7-59 所示。

⊙ 色相：用"混合色"的色相值进行着色，而使饱和度和亮度值保持不变。当"基色"与"混合色"的色相值不同时，才能使用描绘颜色进行着色，如图 7-60 所示。

图 7-59 划分模式　　　　　　　图 7-60 色相模式

温馨提示 要注意的是"色相"模式不能在"灰度模式"下的图像中使用。

⊙ 饱和度："饱和度"模式的作用方式与"色相"模式相似，它只用"混合色"的饱和度值进行着色，而使色相值和亮度值保持不变。当"基色"与"混合色"的饱和度值不同时，才能使用描绘颜色进行着色处理，如图 7-61 所示。

⊙ 颜色：使用"混合色"的饱和度值和色相值同时进行着色，而使"基色"的亮度值保持不变。"颜色"模式可以看成是"饱合度"模式和"色相"模式的综合效果。该模式能够使灰色图像的阴影或轮廓透过着色的颜色显示出来，产生某种色彩化的效果。这样可以保留图像中的灰阶，并且对于给单色图像和图像着色都会非常有用，如图 7-62 所示。

图 7-61 饱和度模式

图 7-62 颜色模式

⊙ 明度：使用"混合色"的亮度值进行着色，而保持"基色"的饱和度和色相数值不变。其实就是用"基色"中的"色相"和"饱和度"以及"混合色"的亮度创建"结果色"。此模式创建的效果与"颜色"模式创建的效果相反，如图 7-63 所示。

图 7-63 明度模式

# 图层的合并

合并图层可以将当前编辑的图像在磁盘中占用的空间减小，缺点是文件重新打开后，合并后的图层将不能拆分。

## 7.4.1 拼合图像

拼合图像可以将多图层图像以可见图层的模式合并为一个图层，被隐藏的图层将会被删除，执行菜单中的"图层 > 拼合图像"命令，可以弹出如图 7-64 所示的警告对话框，单击"确定"按钮，即可完成拼合。

图 7-64 警告对话框

## 7.4.2 向下合并图层

向下合并图层可以将当前图层与下面的一个图层合并，执行菜单中的"图层 > 合并图层"命令或按【Ctrl+E】快捷键，即可完成当前图层与下一图层的合并。

## 7.4.3 合并所有可见图层

合并所有可见图层可以将面板中显示的图层合并为一个单一图层，隐藏图层不被删除，执行菜单中的"图层 > 合并可见图层"命令或按

【Shift+Ctrl+E】快捷键，即可将显示的图层合并，合并过程如图 7-65 所示。

图 7-65 合并可见图层

### 7.4.4 合并选择的图层

合并选择的图层可以将面板中被选择的图层合并为一个图层，方法是选择两个以上的图层后，执行菜单中的"图层 > 合并图层"命令或按【Ctrl+E】快捷键，即可将选择的图层合并为一个图层。

### 7.4.5 盖印图层

盖印图层可以将面板中显示的图层合并到一个新图层中，原来的图层还存在。按【Ctrl+Shift+Alt+E】快捷键，即可将文件执行盖印功能，如图 7-66 所示。

图 7-66 盖印图层

### 7.4.6 合并图层组

合并图层组可以将整组中的图像合并为一个图层。在"图层"面板中选择图层组后，执行菜单中的"图层 > 合并组"命令，即可将图层组中所有图层合并为一个单独图层，如图 7-67 所示。

图 7-67 合并图层组

# 使用图层组管理图层

图层组可以让您更方便地管理图层，图层组中的图层可以被统一进行移动或变换，还可以单独进行编辑。

### 7.5.1 新建图层组

新建图层组指的是在面板中新建一个用于存放图层的图层组，创建图层组可以在"图层"菜单中完成也可以直接通过"图层"面板来完成，创建新图层方法如下。

1. 执行菜单中的"图层 > 新建 > 组"命令，打开"新建组"对话框，设置完毕单击"确定"按钮，即可新建一个图层组。

2. 在"图层"面板中单击"新建图层组"按钮 ，在"图层"面板中就会新创建一个图层组，如图 7-68 所示。

图 7-68 创建新图层组

## 7.5.2 将图层移入或者移出图层组

**移入图层组中：**

在"图层"面板中拖动当前图层到"图层组"上或组内的图层中松开鼠标即可将其移入到当前图层组中，如图 7-69 所示。

图 7-69 移入图层组中

**移出图层组中：**

拖动组内的图层到当前组的上方或组外的图层上方松开鼠标即可移除图层组，如图 7-70 所示。

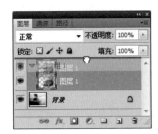

图 7-70 从图层组中移出

### 7.5.3 复制图层组

复制图层组可以在"图层"菜单中完成也可以直接通过"图层"面板来完成，复制图层组的方法如下。

1. 执行菜单中的"图层 > 复制组"命令，打开"复制组"对话框。设置相应参数后，单击"确定"按钮，即可得到一个当前组的副本。

2. 在"图层"面板中拖动当前图层组到"创建新图层"按钮 🗔 上，即可得到该图层组的副本，如图 7-71 所示。

图 7-71 复制图层组

> **技巧** 在"图层"面板中拖动当前图层组到"创建新组"按钮 🗔 上，可以将当前组嵌套在新建的组中，在"图层"面板中拖动当前图层到"创建新组"按钮 🗔 上，可以从当前图层创建图层组；在菜单栏中执行"图层 > 新建 > 从图层建立组"命令，可以将当前图层创建到新建组中。

### 7.5.4 删除图层组

删除图层组指的是将当前选择的组删除，删除图层组的方法与删除图层的方法相同，执行菜单中的"图层 > 删除 > 组"命令或拖动图层组到"删除"按钮🗑上，即可将图层组删除。

### 7.5.5 图层编组

创建图层编组指的是将在"图层"面板中选择的图层放入新建的组中，创建方法是在"图层"面板中选择图层后，再执行菜单中的"图层 > 创建编组"命令，即可将当前选择的图层放置到一个图层组中，如图 7-72 所示。

图 7-72 创建图层编组

### 7.5.6 取消图层编组

取消图层编组指的是将组中的图层都释放到面板中，取消方法是：在"图层"面板中选择组后，再执行菜单中的"图层 > 取消创建编组"命令，即可将当前组分离，如图 7-73 所示。

((( ● **温馨提示** 当前组处于折叠状态时，新建图层时会在组外创建，当前组处于展开状态时，新建的图层会自动创建到当前组中。

图 7-73 取消图层编组

## 习题与练习

### 习题

1. 按哪个快捷键可以通过复制新建一个图层？

    A. Ctrl+L          B. Ctrl+ C

    C. Ctrl+J          D. Shift+Ctrl+X

2. 盖印图层的快捷键是哪个？

    A. Ctrl+L          B. Shift+Ctrl+Alt+E

    C. Ctrl+E          D. Shift+Ctrl+X

3. 以下哪几个功能可以将文字图层转换成普通图层？

    A. 栅格化图层          B. 栅格化文字

    C. 栅格化 / 图层          D. 栅格化 / 所有图层

### 练习

打开两个图片拖动到一个文档中设置混合模式。

# 第8章

## 文字的应用与特效

本章重点：

⊙ 了解 Photoshop 创建文字的工具

⊙ 文字变形

⊙ 编辑文字

本章主要介绍关于 Photoshop 软件用来编辑图像时所用到的文字工具，以文字工具组中各个工具在实际中的具体应用，让大家快速了解关于文字设计方面的知识。

# 文字在设计中的应用

在当前的平面设计领域里，文字是不可或缺的一部分，他不但能够快速呈现当前设计的主题，还可以在设计中充当点睛之笔的修饰元素，作品包含文字的在我们眼前随处可见，比如平面宣传广告、海报宣传、网页设计、产品宣传等，所以说文字是平面设计中必不可少的。

文字的主要功能是在视觉传达中向大众传达作者的意图和各种信息，要达到这一目的必须考虑文字的整体诉求效果，给人以清晰的视觉印象。因此，设计中的文字应避免繁杂零乱，使人易认，易懂，切忌为了设计而设计，忘记了文字设计的根本目的是为了更好，更有效的传达作者的意图，表达设计的主题和构想意念。

# 锚点文字的使用

在 Photoshop 中能够直接创建锚点文字的工具只有两个，他们是 **T**（横排文字工具）和 **IT**（直排文字工具）。

## 8.2.1 键入横排文字

在 Photoshop 中使用 **T**（横排文字工具）可以在水平方向上键入横排文字，该工具也是文字工具组中最基本的文字输入工具同时也是使用最频繁的一个工具。

$\boxed{\text{T}}$（横排文字工具）的使用方法非常简单，只要在"工具箱"中选择$\boxed{\text{T}}$（横排文字工具）❶，之后再拖动光标到到画面中找到要输入文字的地方，单击鼠标会出现图标❷，此时输入所需要的文字即可，输入方法如图 8-2 与图 8-3 所示。

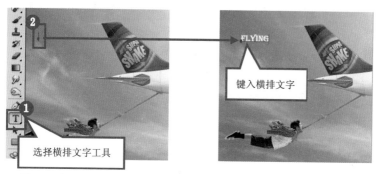

图 8-1 选择工具设置输入点　　　　　　图 8-2 键入的文字

温馨提示　文字键入完毕后，单击"提交所有当前编辑"按钮，或在"工具箱"中单击一下其他工具，即可完成文字的输入了

**操作延伸：**

在"工具箱"中选择$\boxed{\text{T}}$（横排文字工具），键入文字后，属性栏会变成该工具对应的选项效果，如图 8-3 所示。

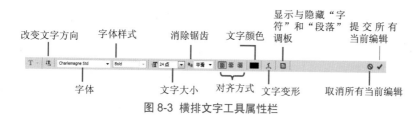

图 8-3 横排文字工具属性栏

属性栏中的各项含义如下（重复或大致相同的选项设置就不做介绍了）。

◉ 更改文字方向：单击此按钮即可以将输入的文字在水平与垂直之间进行转换，如图 8-4 所示。

Charlemagne Std
Bold
FLYING
键入文字时单击此按钮可以更改文字方向

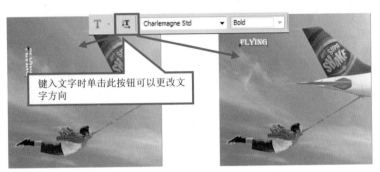

图 8-4 改变文字方向

◉ 字体：用来设置输入文字的字体，单击下拉列表按钮，可以在下拉列表中选择键入文字的字体。

◉ 字体样式：选择不同字体时，会在“字体样式”下拉列表中出现该文字字体对应的不同字体样式，例如选择 Arial 字体时，“样式”列表中就会包含 4 种该文字字体所对应的样式，如图 8-5 所示。选择不同样式时键入的文字会有所不同，如图 8-6 所示。

Arial
Regular
Regular Sample
Italic Sample
Bold Sample
Bold Italic Sample

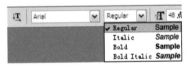

图 8-5 字体样式

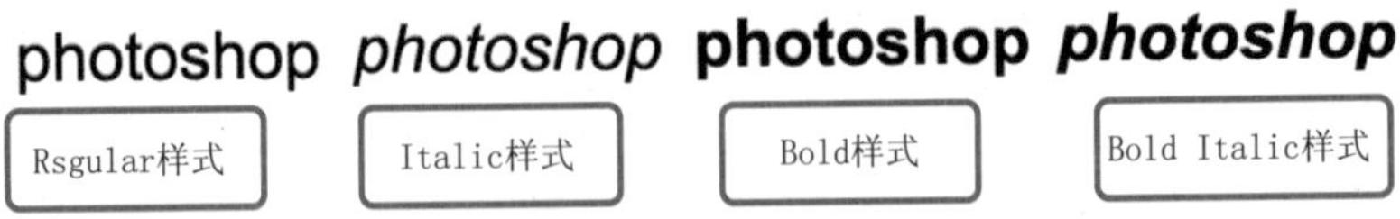

photoshop photoshop photoshop photoshop
Rsgular样式
Italic样式
Bold样式
Bold Italic样式

图 8-6 Arial 字体的 4 种样式

温馨提示 提示：不是所有的字体都存在字体样式。

◉ 文字大小：用来设置输入文字的大小，可以在下拉列表中选择，也可以直接在文本框中输入数值。

◉ 消除锯齿：可以通过部分的填充边缘像素来产生边缘平滑的文字。下拉列表中包含 5 个选项，如图 8-7 所示，该设置只会针对当前键入的整个文字起作用，不能对单个字符起作用，输入文字后分别选择不同方法后的效果，如图 8-8 所示。

55点
平滑
无
锐利
犀利
浑厚
平滑

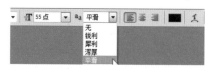

图 8-7 消除锯齿选项

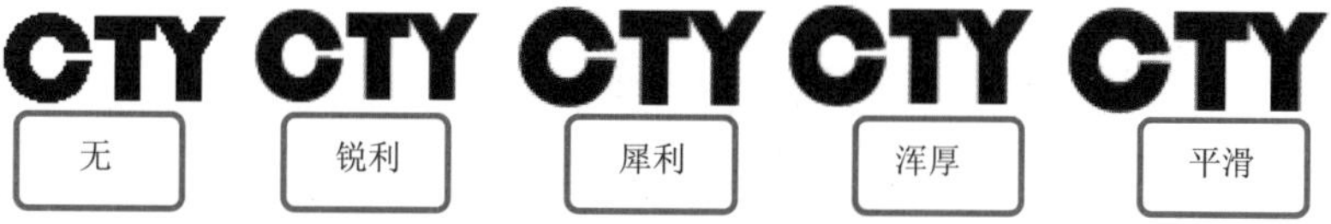
CTY
CTY
CTY
CTY
CTY
无
锐利
犀利
浑厚
平滑

图 8-8 消除锯齿的 5 种样式

◉ 对齐方式：用来设置键入文字的对齐方式包括文本左对齐、文本居中对齐和文本右对齐三项，如图 8-9 所示。

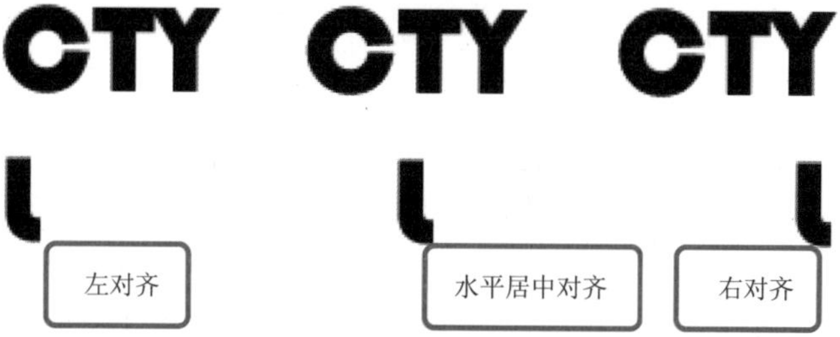
CTY
CTY
CTY
左对齐
水平居中对齐
右对齐

图 8-9 3 种对齐方式

◉ 文字颜色：用来控制输入文字的颜色。

◉ 文字变形：输入文字后单击该按钮可以在弹出的“文字变形”对话框中对输入的文字进行变形设置。

◉ 显示或隐藏“字符”和“段落”面板：单击该按钮即可将“字

符"和"段落"面板组进行显示，如图 8-10 所示的图像为"字符"面板，如图 8-11 所示的图像为"段落"面板。

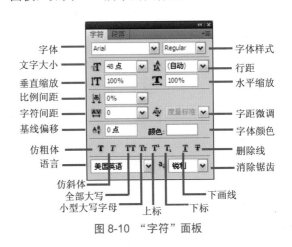

图 8-10 "字符"面板

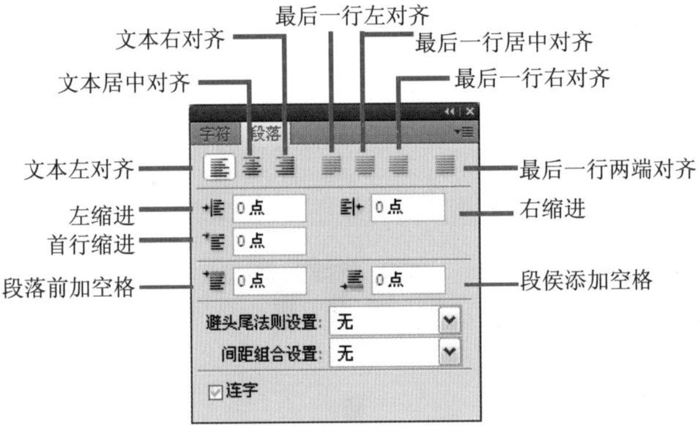

图 8-11 "段落"面板

⊙ 取消所有当前编辑：用来将当前的编辑状态下的文字还原。

⊙ 提交所有当前编辑：用来将正处于编辑状态的文字应用使用的编辑效果。

**温馨提示** "取消所有当前编辑"按钮与"提交所有当前编辑"按钮，只有文字处于输入状态时才可以显示出来。

### 8.2.2 键入直排文字

在 Photoshop 中使用 IT（直排文字工具）可以在垂直方向上键入竖排文字，该工具的使用方法与 T（横排文字工具）相同，就是属性栏也是一模一样的，具体输入方法如图 8-12 与图8-13 所示。

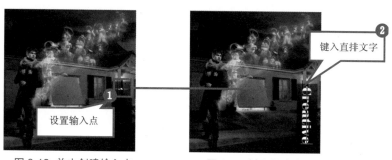

图 8-12 单击创建输入点　　　图 8-13 键入的文字

# 段落文字的使用

段落文字可以应用到设计中文字较多的位置。对于段落文字，一段可能有多行，具体视外框的尺寸而定。

### 8.3.1 创建段落文字

在 Photoshop 中使用文字工具不但可以创建点文字，还可以创建大段的段落文本，在创建段落文字时，文字基于定界框的尺寸自动换行。创建段落文字的方法如下：

**操作步骤：**

1. 使用 T（横排文字工具），在页面中选择相应的位置按下鼠标向右下角拖动，如图 8-14 所示，松开鼠标会出现文本定界框，如图 8-15 所示。

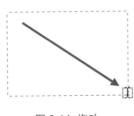

图 8-14 拖动

图 8-15 创建文本框

2. 此时键入文字时就会只出现在文本定界框内，另一种方法是，按住【Alt】键在页面中拖动或者单击鼠标会出现如图 8-16 所示的"段落文字大小"对话框，设置"高度"与"宽度"后，单击"确定"按钮，可以设置更为精确的文字定界框。

3. 输入所需的文字，如图 8-17 所示。

图 8-16 "段落文字大小"对话框

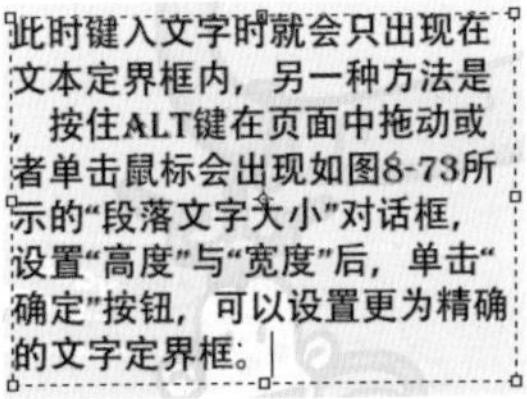

图 8-17 键入文字

4. 如果输入的文字超出了文本定界框的容纳范围，就会在右下角出现超出范围的图标❶，如图 8-18 所示。

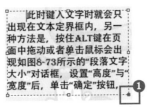

图 8-18 超出定界框

## 8.3.2 变换段落文字

在 Photoshop 中创建段落文本后可以通过拖动文本定界框来改变文本在页面中的样式，具体操作如下。

**操作步骤：**

1. 创建段落文字后，直接拖动文本定界框的控制点来缩放定界框，会发现此时变换的只是文本定界框，其中的文字没有跟随变换，如图8-19 所示。

2. 拖动文本定界框的控制点时按住【Ctrl】键来缩放定界框，会发现此时变换的不只是文本定界框，其中的文字也会跟随文本定界框一同变换，如图 8-20 所示。

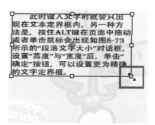

图 8-19 直接拖动控制点　　　　图 8-20 按住【Ctrl】键拖动控制点变换

3. 当鼠标指针移到四个角的控制点时会变成旋转的符号，拖动鼠标可以将其旋转，如图 8-21 所示。

4. 按住【Ctrl】键将鼠标指针移到四条边的控制点时会变成斜切的符号，拖动鼠标可以将其斜切，如图 8-22 所示示。

图 8-21 旋转　　　　　　图 8-22 斜切

## 8.4 设置文字外观

在 Photoshop 中编辑文字指的是对已经创建的文字通过"属性栏"、"字符"面板或"段落"面板进行重新设置，例如设置文字行距、文字缩放、基线偏移等。"属性栏"中针对文字的设置，已经讲过了，本节主要讲解"字符"面板和"段落"面板中关于文字的一些基本编辑。

### 8.4.1　设置文字

使用 **T**（横排文字工具）在图像中输入文字后，使用光标在单个文字或字母上拖动，可以单独选取文字或字母，在属性栏中可以改变选取的文字或字母的大小、颜色或字体等，如图 8-23 至图 8-26 所示。

图 8-23 原图　　　图 8-24 缩小文字　　　图 8-25 文字变色　　　图 8-26 更改字体

### 8.4.2　字符间距

字符间距指的是放宽或收紧字符之间的距离。键入文字后在"字符"面板中，单击设置所选字符的字距调整按钮右边的下拉列表，在其中分别选择 −100 和 200，得到如图8-27 和图8-28 所示的效果。

图 8-27 字符间距为 -100　　　　　图 8-28 字符间距为 200

### 8.4.3 比例间距

比例间距是按指定的百分比值减少字符周围的空间。数值越大，字符间压缩越紧密。取值范围是 0% ～ 100%。键入文字后在"字符"面板中，单击设置所选字符的比例间距按钮右边的下拉列表，在其中选择比例间距为 90%，此时字符间将会缩紧，如图 8-29 所示。

图 8-29 比例间距

温馨提示 要想使"设置比例间距"选项出现在"字符"面板中，那就必须在"首选项"对话框的"文字"选项中选择"显示亚洲字体选项"

### 8.4.4 字距微调

字距微调是增加或减少特定字符之间的间距的过程。在"字距微调"下拉列表中包含三个选项：度量标准、视觉和 0。键入文字后，分别选择不同选项后会得到如图 8-30 所示的效果。

图 8-30 字距微调

### 8.4.5 水平缩放与垂直缩放

水平缩放与垂直缩放用来对键入文字的垂直或水平方向上的缩放，设置垂直与水平缩放为 300%，得到如图 8-31 所示的效果。

图 8-31 水平缩放与垂直缩放

### 8.4.6 基线偏移

基线偏移可以使选中的字符相对于基线进行提升或下降。键入文字后，选择其中的一个文字，如图 8-32 所示，设置基线偏移为 10 和 –10，得到如图 8-33 和图8-34 所示的效果。

图 8-32 选择文字　　　　　图 8-33 偏移为 10　　　　　图 8-34 偏移为 -10

### 8.4.7 文字行距

文字行距指的是文字基线与下一行基线之间的垂直距离。键入文字后，在"字符"面板中设置行距文本框中输入相应的数值会使垂直文字之间的距离发生改变。如图 8-35 和图 8-36 所示。

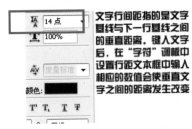
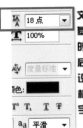

图 8-35 行距为 14 时的效果　　　　图 8-36 行距为 18 时的效果

### 8.4.8 字符样式

字符样式指的是对键入字符的显示状态，单击不同按钮会完成所选字符的样式效果，包括仿粗体、斜体、全部大写字母、小型大写字母、上标、下标、下划线和删除线。如图 8-37 至图8-40 所示的图像分别为原图和应用斜体、上标和下划线后的效果。

图 8-37 原图 　　图 8-38 斜体 　　图 8-39 上标 　　图 8-40 下画线

# 8.5

# 变形文字

在 Photoshop 中通过"文字变形"命令可以对输入的文字进行更加艺术化的变形，使文字更加具有观赏感，变形后的文字仍然具有文字所具有的共性。

"文字变形"命令可以通过在键入文字后直接单击"文字变形"按钮 来执行，或者执行菜单中"图层 > 文字 > 文字变形"命令来打开"变形文字"对话框，如图 8-41 所示。

属性栏中的各项含义如下(重复或大致相同的选项设置就不做介绍了)。

- ◉ 样式：用来设置文字变形的效果，在下拉列表中可以选择相应的样式。

- ◉ 水平、垂直：用来设置变形的方向。

- ◉ 弯曲：设置变形样式的弯曲程度。

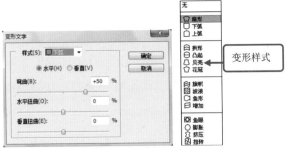

图 8-41 "变形文字"对话框

⊙ 水平扭曲：设置在水平方向上扭曲的程度。

⊙ 垂直扭曲：设置在垂直方向上扭曲的程度。

键入文字后，分别对键入的文字应用扇形与扭转，并勾选"水平"单选框，设置"弯曲"为 50%、"水平扭曲"和"垂直扭曲"为 0%，会得到如图 8-42 所示的效果。

图 8-42 文字变形

**上机实战** 通过"文字变形"命令制作波纹文字

本次实战主要让大家了解"文字变形"命令的使用和快速创建复制图层的使用方法。

**操作步骤：**

1. 执行菜单中的"文件 > 打开"命令或按【Ctrl+O】快捷键，打开随书附带光盘中的"素材文件 / 第 8 章 / 纹理背景 .jpg"素材，如图 8-43 所示。

2. 使用 T（横排文字工具）选择自己喜欢的文字字体和文字大小后，在页面中输入黑色文字"用时间证明四季"，如图 8-44 所示。

图 8-43 素材

图 8-44 输入文字

3. 执行菜单中的"图层 > 文字 > 文字变形"命令,打开"变形文字"对话框,其中的参数值设置如图 8-45 所示。

4. 设置完毕单击"确定"按钮,再按【Ctrl+T】快捷键调出变换框,拖动控制点将文字进行旋转,如图 8-46 所示。

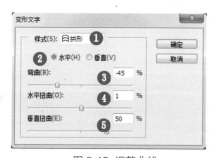

图 8-45 调整曲线

图 8-46 设置控制杆

5. 旋转完毕后按【Enter】键确定,执行菜单中的"窗口 > 样式"命令,打开"样式"面板,在面板中选择"水银"样式❶,得到如图 8-47 所示的效果。

6. 应用样式后,选择 ▶╈（移动工具）并按住【Alt】键,再单击键盘上的向上键 18 次,此时会自动复制 18 个文字副本,如图 8-48 所示。

7. 按住【Shift】键将文字图层和其副本一同选取,按【Ctrl+E】快捷键将其合并,效果如图 8-49 所示。

8. 拖动"背景"图层❶到"创建新图层"按钮❷上,得到"背景副本"图层❸,再设置"混合模式"为"正片叠底"❹,效果如图 8-50 所示。

图 8-47 添加样式

图 8-48 复制

图 8-49 合并

图 8-50 复制背景

9. 执行菜单中的 "图层＞拼合图像" 命令， 将多图层图像合并为单图层图像，再执行菜单中的 "图像＞调整＞亮度／对比度" 命令，打开 "亮度／对比度" 对话框，设置 "亮度" 为 "59"、"对比度" 为 "0"， 如图 8-51 所示。

10. 设置完毕单击"确定"按钮，至此实战制作完毕，效果如图 8-52 所示。

图 8-51 "亮度／对比度"对话框

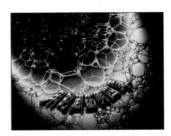

图 8-52 最终效果

# 8.6

## 蒙版文字的使用

我们再设计作品时经常会遇到在文字上添加一些其他的图案，这时如果直接使用文字工具创建文字后，再调出选区就会变得较为麻烦，但是不用担心，在 Photoshop 中有关于直接创建文字选区的工具，在 Photoshop 中能够用来创建文字选区的工具只有 （横排文字蒙版工具）和 （直排文字蒙版工具）。

### 8.6.1 横排文字选区

在 Photoshop 中能够直接创建横排文字选区的工具为 （横排文字蒙版工具）。 （横排文字蒙版工具）可以在水平方向上直接创建文字选区，该工具的使用方法与 （横排文字工具）相同，只是在创建过程中一直处于蒙版状态，创建完成后单击"提交所有当前编辑"按钮 或在"工具箱"中直接单击一下其他工具选区便可以创建完成了，创建过程如图 8-53 所示。

图 8-53 使用横排文字蒙版工具创建横排文字选区的过程

### 8.6.2 直排文字选区

在 Photoshop 中使用 ![]（直排文字蒙版工具）可以在垂直方向上直接创建文字选区，该工具的使用方法与 ![]（直排文字工具）相同，只是在创建过程中一直处于蒙版状态，创建完成后单击"提交所有当前编辑"按钮 ![] 或在"工具箱"中直接单击一下其他工具选区便可以创建完成了，创建过程如图 8-54 所示。

图 8-54 使用直排文字蒙版工具创建横排文字选区的过程

**技巧** 使用 ![]（横排文字蒙版工具）和 ![]（直排文字蒙版工具）创建选区时，当文字键入后没有被提交之前，选区的字体和大小是可以更改的，提交之后将无法改变。

## 8.7 习题与练习

1. 以下哪个工具可以创建文字选区？

    A. 横排文字蒙版工具          B. 路径选择工具

    C. 直排文字工具              D. 直排文字蒙版工具

2. 以下哪个样式为上标样式？

A. $\underline{qq}$          B. $q^q$

C. $q\,q$          D. $q_q$

3. 变换文本框时，缩小段落文本中的文字需要按住哪个键？

A. Ctrl         B. Alt         C. Shift         D. Enter

**练习**

1. 创建文字后调整单个文字的颜色和字体。

2. 变换段落文本。

# 第9章

# 矢量工具的应用

本章重点：
- ⊙ 对路径的编辑与基本应用
- ⊙ 形状的创建与编辑
- ⊙ 路径面板的使用

本章主要介绍关于 Photoshop 软件用来创建路径与形状的工具，以及各工具在实际中的具体应用，让大家快速了解关于路径与形状方面的知识。

## 9.1 了解矢量绘图工具

在 Photoshop 中用于绘制路径与创建形状的工具被集中在钢笔工具组和矩形工具组中，编辑路径工具被集中在路径选择工具组中，如图 9-1 所示。

图 9-1 工具组

### 9.1.1 形状

在 Photoshop 中可以通过钢笔工具或形状工具来创建形状图层，在"图层"面板中一般以矢量蒙版的形式进行显示，更改形状的轮廓可以改变页面中显示的图像，更改图层颜色颜色，会自动改变形状的颜色。形状图层的创建方法如下．

1. 新建一个空白文档，默认状态下在工具箱中单击 （钢笔工具），此时在"属性栏"中单击"形状图层"按钮❶，在"样式拾色器"中选择创建形状图层时要添加的"样式"❷，如图 9-2 所示。

2. 设置完毕后，使用 （钢笔工具）在页面中选择起点单击，移动到另一点再单击，直到回到与起始点相交处，再单击，系统会自动创建如图 9-3 所示的形状图层。

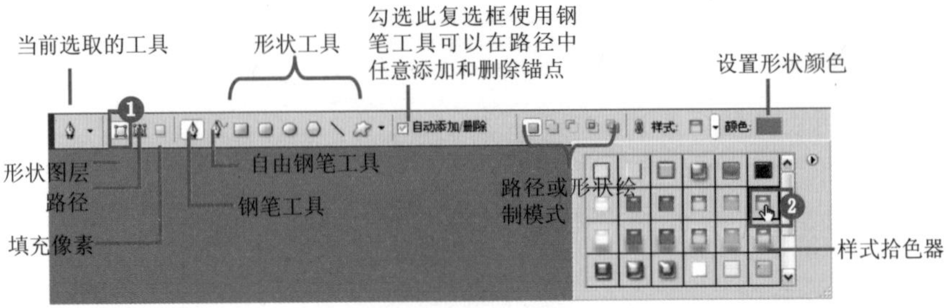


图 9-2 设置形状图层

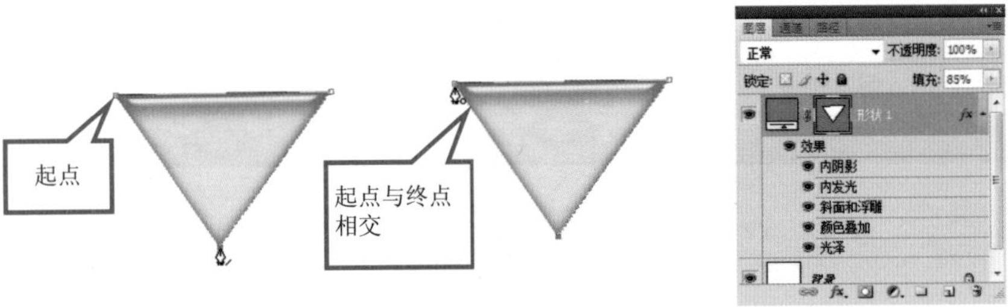


图 9-3 创建形状图层

## 9.1.2 路径

在 Photoshop 中路径由直线或曲线组合而成，锚点就是这些线段或曲线的端点，使用 （转换点工具）在锚点上拖动便会出现控制杆和控制点，拖动控制点就可以更改路径在图像中的形状。路径的创建与调整方法如下。

1. 新建一个空白文档，默认状态下在工具箱中单击 （钢笔工具）。

2. 此时只要在“属性栏”中单击“路径”按钮❶，属性栏就会变成绘制路径时的属性设置，如图 9-4 所示。

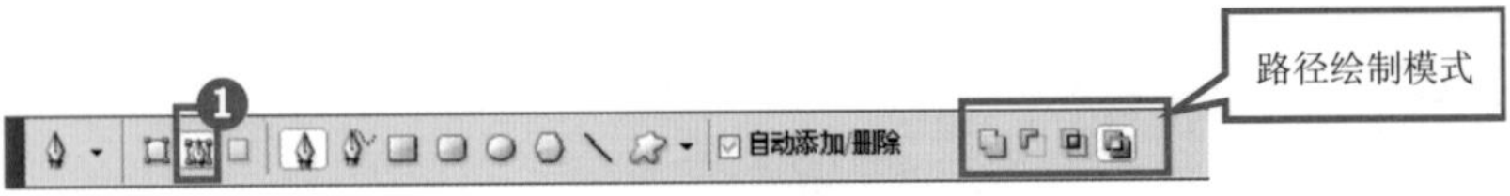


图 9-4 路径属性栏

3. 使用 （钢笔工具）在页面中选择起点单击，移动到另一点再单击，直到回到与起始点相交处此时指针会变成 图标，再单击，即可创建封闭路径，如图 9-5 所示。

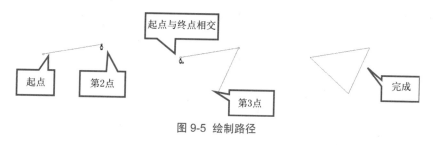

图 9-5 绘制路径

## 9.1.3 填充像素

在 Photoshop 中填充像素可以认为是使用选区工具绘制选区后，再以前景色填充的效果，如果不新建图层，那么使用填充像素填充的区域会直接出现在当前图层中，此时是不能被单独编辑的，填充像素不会自动生成新图层，如图 9-6 所示。

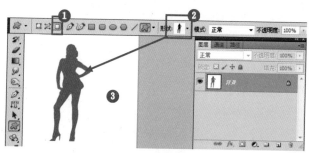

图 9-6 填充像素

温馨提示 "填充像素"选项按钮，只有使用矩形工具组中的工具时，才可以被激活，使用钢笔工具时该选项处于不可用状态。

# 9.2 路径面板

Photoshop 中对路径的管理可以通过"路径"面板来完成。应用面板可以对创建的路径进行更加细致的编辑，在面板中主要包括"路径"、"工作路径"和"形状矢量蒙版"，在面板中可以将路径装换成选区、将选区转换成工作路径，填充路径和对路径进行描边等。在菜单栏中执行"窗口>路径"命令，即可以打开"路径"面板，如图 9-7 所示。通常情况下"路径"面板与"图层"面板被放置在同一面板组中。

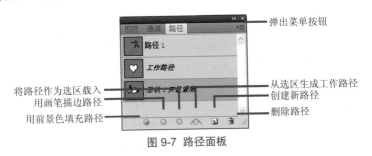

图 9-7 路径面板

其中的各项含义如下（重复或大致相同的选项设置就不做介绍了）。

⊙ 路径：用于存放当前文件中创建的路径，在储存文件时路径会被储存到该文件中。

⊙ 工作路径：一种用来定义轮廓的临时路径。

⊙ 矢量蒙版：显示当前文件中创建的矢量蒙版的路径。

⊙ 用前景色填充路径：单击此按钮可以对当前创建的路径区域以前景色填充。

⊙ 用画笔描边路径：单击此按钮可以对创建的路径进行描边。

⊙ 将路径作为选区载入：单击该按钮可以将当前路径转换成选区。

⊙ 从选区生成工作路径：单击该按钮可以将当前选区转换成工作路径。

◉ 创建新路径：单击该按钮可以新建路径。

◉ 删除当前路径：选定路径后，单击此按钮可以将选择的路径删除。

◉ 弹出菜单按钮：单击此按钮可以打开"路径"面板的弹出菜单。

## 9.2.1 新建路径

本小节就为大家讲解不同路径的 4 种创建方法。

1. 使用钢笔路径或形状工具，在页面中绘制路径后，此时在"路径"面板中会自动创建一个"工作路径"图层，如图9-8 所示。

((( ● **温馨提示** "路径"面板中的"工作路径"是用来存放路径的临时场所，在绘制第二个路径时该"工作路径"会消失，只有将其储存上才能将其长久保留。

2. 在"路径"面板中单击"创建新路径"按钮 ❶，此时在"路径"面板中会出现一个空白路径 ❷，如图 9-9 所示。此时在绘制路径，就会将其存放在此路径层中。

图9-8 工作路径

图9-9 新建路径

3. 在"路径"面板的弹出菜单中执行"新建路径"命令，会弹出"新建路径"对话框，如图 9-10 所示。在对话框中设置路径名称后，再单击"确定"按钮，即可新建一个自己设置名称的路径。

4. 创建形状图层后，在"路径"面板中会出现一个矢量蒙版，如图 9-11 所示。矢量蒙版只有选择该图层时，才会在"路径"面板中出现。

图 9-10 新建路径对话框

图 9-11 形状矢量蒙版路径

((((● 温馨提示 在"路径"面板中单击"创建新路径"按钮的同时，按住【Alt】键，系统也会弹出"新建路径"对话框。

## 9.2.2 储存工作路径

创建工作路径后，如果不及时储存，绘制第二个路径时前一个路径会删除，所以本小节就要教大家如何对"工作路径"进行储存。具体的方法有以下 3 种。

1. 绘制路径时，系统会自动出现一个"工作路径"作为临时存放点，在"工作路径"上双击❶，即可弹出"存储路径"对话框❷，设置"名称"后，单击"确定"按钮，即可完成储存❸，如图 9-12 所示。

图 9-12 储存工作路径为路径

2. 创建工作路径后，执行弹出菜单中的"存储路径"命令，也会弹出"存储路径"对话框，设置名称后，单击"确定"按钮，即可完成储存。

3. 拖动"工作路径"到"创建新路径"按钮 ⬛ 上，也可以储存工作路径。

### 9.2.3 移动、复制、删除与隐藏路径

使用 （路径选择工具）选择路径后，既可以将其拖动更改位置；拖动路径到"创建新路径"按钮 上时，就可以得到一个该路径的副本；拖动路径到"删除当前路径"按钮 上时，就可以将当前路径删除；在"路径"面板空白处单击，可以将路径隐藏，如图 9-13 所示。

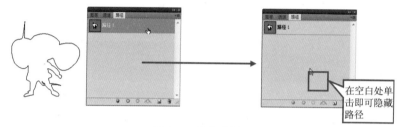

在空白处单击即可隐藏路径

图 9-13 隐藏路径

## 9.3 路径与选区的转换

Photoshop 在处理图像时，用到路径的时候不是很多，但是要对图像创建精确地选取范围时就需要使用路径工具创建精密路径后再转换成选区，就可以应用 Photoshop 中对选区起作用的所有命令。

### 9.3.1 路径转换为选区

在 Photoshop 中，将路径转换成选区可以直接单击"路径" 面板中的"将路径作为选区载入"按钮 ，即可将创建的选区变成可编辑的选区，具体操作如下。

**操作步骤：**

1. 打开一个自己喜欢的图片作为背景，执行"文件 > 打开"命令或按【Ctrl+O】快捷键，打开随书附带光盘中的"素材文件 / 第 9 章 / 打伞美女 .jpg"素材，使用 （钢笔工具）沿人物的边缘绘制一个封闭路径，如图 9-14 所示。

2. 路径创建完毕后，单击"将路径作为选区载入"按钮 ，如图 9-15 所示。

图 9-14 打开素材创建路径

图 9-15 路径面板

3. 单击"将路径作为选区载入"按钮 后，此时图像中的路径会以选区的形式显示，面板中的路径还是存在的，如图 9-16 所示。

图 9-16 将路径作为选区载入

> **温馨提示** 在弹出菜单中单击"建立选区"命令或者直接按【Ctrl+Enter】快捷键都可以将路径转换成选区。

### 9.3.2 选区转换成路径

在处理图像时创建局部选区比使用钢笔工具方便，将选区转换成路径，可以继续对路径进行更加细致的调整，以便能够制作处更加细致的图像抠图。

将选区转换成路径，可以直接单击"路径"面板中的"从选区生成工作路径"按钮 ，具体操作如下。

**操作步骤：**

1. 打开一个自己喜欢的图片作为背景，执行"文件＞打开"命令或按【Ctrl+O】快捷键，打开随书附带光盘中的"素材文件 / 第 9 章 / 创意水果 .jpg"素材，使用 （快速选择工具）❶在图像中拖动创建选区，如图 9-17 所示。

2. 选区创建完毕后，单击"从选区生成工作路径"按钮 ❷，如图 9-18 所示。

图 9-17 创建选区

图 9-18 路径面板

3. 单击"从选区生成工作路径"按钮 后，此时图像中的选区会转换成路径，在"路径"面板中会生成工作路径，如图 9-19 所示。

图 9-19 将选区转换成工作路径

# 9.4

# 路径的变换

在 Photoshop 中能够对路径进行选择和变换编辑的工具为 （路径选择工具）。（路径选择工具）的使用方法与 （移动工具）相类似。不同的是该工具只对图像中创建的路径起作用，具体操作如下。

**操作步骤：**

1. 使用 （路径选择工具）在页面中的路径上单击，便可以选择当前路径，按住鼠标拖动便可以将路径进行移动，如图 9-20 所示。

① 选择路径

② 移动路径

图 9-20 选择与移动路径

2. 在菜单中执行"编辑 > 变换路径"命令后，会弹出如图 9-21 所示的变换子菜单。

自由变换路径

缩放
旋转
斜切
扭曲
透视
变形
内容识别比例

旋转 180 度
旋转 90 度（顺时针）
旋转 90 度（逆时针）

水平翻转
垂直翻转

图 9-21 变换路径子菜单

3. 选择不同的变换选项后，拖动变换控制点便会实现对路径的变换，如图 9-22 至图 9-25 所示。

图 9-22 缩放　　　图 9-23 旋转　　　图 9-24 斜切　　　图 9-25 扭曲

4. 选择"变形"选项命令时选项栏会变成如图 9-26 所示的样式。

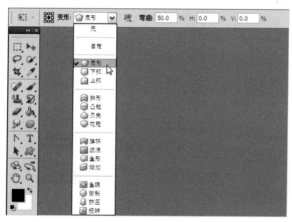

图 9-26 变形选项

5. 在"变形"下拉列表中选择相应命令后，可以在选项栏中设置相应的"方向"、"弯曲"等参数，如图 9-27 至图 9-30 所示的效果图就是选择不同命令时的变形效果。

图 9-27 扇形　　　图 9-28 贝壳　　　图 9-29 旗帜　　　图 9-30 鱼形

**技巧** 使用鼠标在应用变形后的路径上拖动控制点同样可以调整变形程度。

**操作步骤：**

在"工具箱"中选择 （路径选择工具）后，属性栏会变成该工具对应的选项效果，如图 9-31 所示。

组合　对齐　分布　解散目标路径

图 9-31 路径选择工具对应的选项栏

属性栏中的各项含义如下（重复或大致相同的选项设置就不做介绍了）。

⊙ 显示定界框：勾选该复选框时，使用 （路径选择工具）选择路径后，该路径周围就会出现调整变换框，拖动控制点后，即可将属性栏变为如图 9-32 所示的变换路径属性栏。

变换设置区　　　　变形　确定　取消

图 9-32 变换路径属性栏

- 变换设置区：在该区域可以对路径进行位置、大小和旋转等设置。
- 变形：单击该按钮可以进入"变形"设置属性栏，如图 9-33 所示。

图 9-33 变形属性栏

- 取消：单击该按钮，可以将进行的变换取消。
- 确定：单击该按钮，可以将进行的变换应用。

⊙ 组合：当选择两个以上的路径后，选择不同的路径模式，再单击

"组合"按钮可以完成路径重叠部分的再次组合，效果如图 9-34 所示

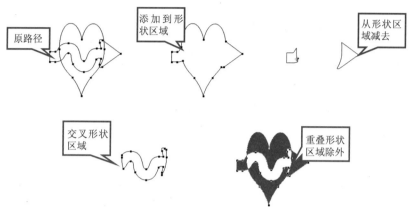

图 9-34 组合后的不同效果

- ◉ 对齐：在一个路径层中如果存在两个以上的路径时，可以通过此选项对其进行重新对齐操作。
- ◉ 分布：在一个路径层中如果存在三个以上的路径时，可以通过此选项对其进行重新分布操作。
- ◉ 解散目标路径：使用 ▶ （路径选择工具）选择路径后，单击该按钮可以将路径隐藏。

# 路径的编辑

在 Photoshop 中创建路径后，对其进行相应的编辑也是非常重要的，对路径进行编辑主要体现在添加、删除锚点，更改曲线形状，移动与变换路径等。用来编辑的工具主要包括 ✎ （添加锚点工具）、 ✎ （删除锚

点工具)、↖(转换点工具)、▶(路径选择工具)和▷(直接选择工具)。
本节就为大家详细讲解编辑路径的方法与编辑工具的使用。

### 9.5.1 添加锚点工具

在 Photoshop 中使用 🖉(添加锚点工具)可以在已创建的直线或曲
线路径上添加新的锚点。添加锚点的方法非常简单，只要使用 🖉(添加
锚点工具)将光标移到路径上，此时光标右下角会出现一个小"+"号，
单击鼠标便会自动添加一个锚点，如图 9-35 所示。

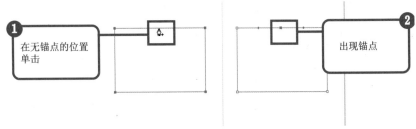

图 9-35 添加锚点

### 9.5.2 删除锚点工具

在 Photoshop 中使用 🖉(删除锚点工具)可以将路径中存在的锚点
删除。删除锚点的方法非常简单，只要使用 🖉(删除锚点工具)将光标
移到路径中的锚点上，此时光标右下角会出现一个小"-"号，单击鼠标
便会自动删除该锚点，如图 6-33 所示。

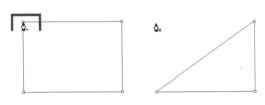

图 9-36 删除锚点

### 9.5.3 转换点工具

使用⎡↖⎤（转换点工具）可以让锚点在平滑点和转换角点之间进行变换。⎡↖⎤（转换点工具）没有选项栏。

### 9.5.4 直接选择工具

在 Photoshop 中使用⎡↖⎤（直接选择工具）可以对路径进行相应的调整，直接调整路径也可以在锚点上拖动，改变路径形状。

# 使用钢笔工具进行精细抠图

在 Photoshop 能够抠图的方法很多，初学者可以通过选区抠图，进阶者可以通过钢笔、蒙版或通道抠图，就对图像边缘锯齿的细腻程度而言使用⎡✒⎤（钢笔工具）进行抠图是最好的选择。在⎡✒⎤（钢笔工具）工具组中能够创建路径的工具只有⎡✒⎤（钢笔工具）和⎡✒⎤（自由钢笔工具）两种。

### 9.6.1 钢笔工具

在 Photoshop 中，⎡✒⎤（钢笔工具）是所有路径工具中最精确的工具。使用⎡✒⎤（钢笔工具）可以精确地绘制出直线或光滑的曲线，还可以创建形状图层。

**创建直线：**

使用方法也非常简单。只要在页面中选择一点单击，移动到下一点再单击，就会创建直线路径，如图 9-37 所示。

图 9-37 直线路径

**创建曲线：**

在页面中选择起点单击❶移动到另一点❷后按下鼠标拖动❸，会得到如图 9-38 所示曲线路径。按【Enter】键曲线路径绘制完毕。

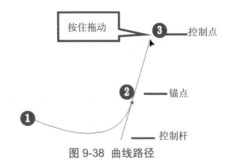

图 9-38 曲线路径

**操作延伸：**

在"工具箱"中选择 （钢笔工具）后，属性栏会变成该工具对应的选项效果，如图 9-39 所示。

图 9-39 钢笔工具属性栏

属性栏中的各项含义如下(重复或大致相同的选项设置就不做介绍了)。

- 橡皮带：勾选此复选框后，使用 （钢笔工具）绘制路径时，在第一个锚点和要建立的第二个锚点之间会出现一条假象的线段，只要单击鼠标后，这条线段才会变成真正存在的路径，如图 9-40 所示。

- 自动添加 / 删除：勾选此复选框后， （钢笔工具）就具有了自动添加或删除锚点的功能。当 （钢笔工具）的光标移动到没有
锚点的路径上时，光标右下角会出现一个小"+"号，单击鼠标
便会自动添加一个锚点；当 （钢笔工具）的光标移动到有锚点
的路径上时，光标右下角会出现一个小"-"号，单击鼠标便会自
动删除该锚点。

勾选"橡皮带"
复选框绘制路径

不勾选"橡皮带"
复选框绘制路径

图 9-40 勾选与不勾选"橡皮带"复选框时创建路径的对比图

◉ 路径绘制模式：用来对创建路径的方法进行运算的方式，包括 
"添加到路径区域"、  "从路径区域减去"、  "交叉路径
区域"和  "重叠路径区域除外"。

- 添加到路径区域：可以将两个以上的路径进行重组。具体操作
  与选区相同。
- 从路径区域减去：创建第二个路径时，会将经过第一个路径的
  位置的区域减去。具体操作与选区相同。
- 交叉路径区域：两个路径相交的部位会被保留，其他区域会被
  刨除。具体操作与选区相同。
- 重叠路径区域除外：选择该项创建路径时，当两个路径相交
  时，重叠的部位会被路径刨除。

## 9.6.2 自由钢笔工具

使用 （自由钢笔工具）可以随意地在页面中绘制路径，当变为 
（磁性钢笔工具）时可以快速沿图像反差较大的像素边缘进行自动描绘。

 （自由钢笔工具）的使用方法非常简单，就像在手中拿着画笔在

页面中随意绘制一样，松开鼠标则停止绘制，如图 9-41 所示。

自由钢笔工具

磁性钢笔工具

图 9-41 自由钢笔工具绘制路径

**操作延伸：**

选择 📝（自由钢笔工具）后，选项栏中会显示针对该工具的一些属性设置，如图 9-42 所示。

路径绘制模式

图 9-42 自由钢笔工具选项栏

其中的各项含义如下（重复或大致相同的选项设置就不做介绍了）。

⦿ 曲线拟合：用来控制光标产生路径的灵敏度，输入的数值越大自动生成的锚点越少，路径越简单。输入的数值范围是 0.5 ～ 10。如图 9-43 所示的图像为设置不同"曲线拟合"值时的对比图。

⦿ 磁性的：勾选此复选框后 📝（自由钢笔工具）会变成 📝（磁性钢笔工具），光标也会随之变为 📝 。📝（磁性钢笔工具）与 📝（磁性套索工具）相似，它们都是自动寻找物体边缘的工具。

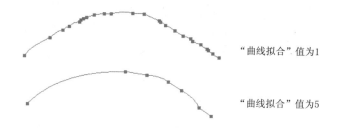

图 9-43 不同"曲线拟合"时的路径

- 宽度：用来设置磁性钢笔与边之间的距离用来区分路径。输入的数值范围是 1 ～ 256。
- 对比：用来设置磁性钢笔的灵敏度。数值越大，要求的边缘与周围的反差越大。输入的数值范围是 1% ～ 100%。
- 频率：用来设置在创建路径时产生锚点的多少。数值越大，锚点越多。输入的数值范围是 0~100。
- ◉ 钢笔压力：增加钢笔的压力，会使钢笔在绘制路径时变细。此选项适用于数位板。

## 上机实战　使用钢笔工具抠图

本实战主要让大家了解使用 ⬙（钢笔工具）对复杂图像进行描绘的过程，该方法通常用于抠图方面。

**操作步骤：**

1. 执行菜单中的"文件 > 打开"命令或按【Ctrl+O】快捷键，打开随书附带光盘中的"素材文件/第9章/模特.jpg"素材，如图9-44所示。

2. 在"工具箱"中选择 ⬙（钢笔工具）❶，在要描绘的图像边缘❷单击创建路径的起点，如图9-45所示。

3. 移动鼠标沿脖子移动，选择第二点后按住鼠标向下拖动，使曲线正好按脖子的弧线进行弯曲，效果如图9-46所示。

创建起始点

图 9-44 素材　　　　　　　　图 9-45 设置起点

图 9-46 绘制曲线

4. 松开鼠标后，按住【Alt】键拖动鼠标到第二个锚点处，此时光标变成 图标❶，单击会将后面的控制杆取消❷，如图 6-47 所示。

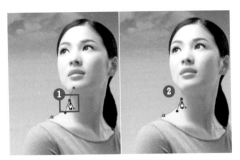

图 9-47 设置控制杆

5. 移动鼠标到另一个可以产生曲线的位置，按住鼠标向下拖动，使曲线正好按照图像边缘的弧线进行弯曲，如图 9-48 所示。

图 9-48 继续绘制曲线

6. 松开鼠标后，按住【Alt】键拖动鼠标到新锚点处，此时光标变成
🖋图标❶，单击会将后面的控制杆取消❷，如图 9-49 所示。

图 9-49 继续设置控制杆

7. 使用同样的方法，直到正点与起点相交时指针变成🖋图标，单击
鼠标，完成图像的路径描绘，如图 9-50 所示。

图 9-50 路径描绘

8. 按【Ctrl+Enter】快捷键将路径转换成选区，使用 （移动工具）就可以将其移动到其他位置或其他文件中，如图 9-51 所示。

图 9-51 移动抠图

**上机实战** 使用自由钢笔工具抠图

本实战主要让大家了解使用 （自由钢笔工具）对图像描绘并抠图的方法。

**操作步骤：**

1. 执行"文件 > 打开"命令或按【Ctrl+O】快捷键，打开随书附带光盘中的"素材文件 / 第 9 章 / 汽车 .jpg"素材，如图 9-52 所示。下面就使用 （磁性钢笔工具）对人物进行抠图。

图 9-52 素材

2. 在"工具箱"中选择①，在属性栏中单击"路径"按钮②，勾选"磁性的"复选框③，在弹出的"自由钢笔选项"中设置参数④，如图 9-53 所示。

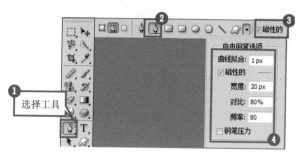

图 9-53 设置属性

3. 使用鼠标指针在汽车大灯位置单击①，沿汽车边缘拖动②，当终点与起点相交时指针变成![]图标③，如图 9-54 所示。

图 9-54 绘制曲线

4. 单击后，完成路径的创建，如图 9-55 所示。

图 9-55 设置控制杆

5. 按【Ctrl+Enter】快捷键将路径转换成选区，抠图也就成功了，使用 （移动工具）即可将选区内的图像移动，如图 9-56 所示。

图 9-56 抠图后

> **技巧** 使用 ✍（磁性钢笔工具）绘制路径时，按【Enter】键可以结束路径的绘制；在最后一个锚点上双击可以与第一锚点进行自动封闭路径；按【Alt】键可以暂时转换成钢笔工具。

## 9.7 路径的描边与填充

Photoshop 中对路径的操作还包括描边与填充，和选区的描边与填充原理基本，不同的是一个是针对选区，一个是针对创建的路径。

### 9.7.1 描边路径

描边路径指的是在绘制的路径上描上颜色，可以用画笔、铅笔、涂抹等工具在图像中创建的路径上描边，可以应用"描边路径"命令对路径边缘进行描边。

要描边路径可直接单击"路径"中面板的"用画笔描边路径"按钮

◎将路径进行描边，如图 9-57 所示。

图 9-57　描边路径

### 9.7.2　填充路径

通过"路径"面板，可以为路径填充前景色、背景色或者图案，直接在"路径"面板中选择"路径"或"工作路径"时，填充的路径会是所有路径的组合部分，单独选择一个路径可以为子路径进行填充。

要填充路径可以直接单击"路径"面板中的"用前景色填充路径"按钮　◎ ，将路径填充前景色。如图 9-58 所示。

图 9-58　填充路径

**上机实战** 使用画笔描边制作珍珠效果

本次实战主要让大家了解画笔描边路径在实际应用中的使用方法。

**操作步骤：**

1. 执行"文件 > 打开"命令或按【Ctrl+O】快捷键，打开随书附带光盘中的"素材文件 / 第 9 章 / 珍珠背景 .jpg"素材，将其作为背景，使用 （钢笔工具）在背景中绘制一条曲线路径，如图 9-59 所示。

2. 在"图层"面板中单击"创建新图层"按钮❶，新建"图层 1"❷，选择 （画笔工具）❸，设置前景色为"黑色"❹，如图 9-60 所示。

图 9-59 素材

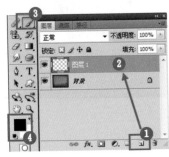

图 9-60 新建图层

3. 按【F5】键打开"画笔"面板，设置"距离"与"直径"，因为珍珠的大小圆度都不同，所以要设置"形状动态"选项，其中的参数值设置如图 9-61 所示。

4. 在"路径"面板中，单击"用画笔描边路径"按钮 ⭕❺，效果如图 9-62 所示。

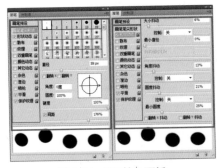

图 9-61 "画笔"面板

图 9-62 描边后

5. 执行"图层＞图层样式＞投影"命令，打开"投影"对话框，其中的参数值设置如图 9-63 所示。

6. 在"投影"图层样式左侧单击"内发光"选项，打开"投影"对话框，其中的参数值设置如图 9-64 所示。

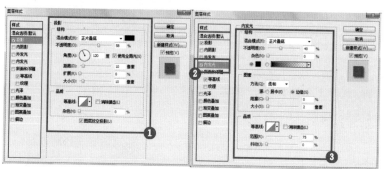

图 9-63 "投影"对话框          图 9-64 "投影"对话框

7. 在"内发光"图层样式左侧单击"斜面与浮雕"选项，打开"斜面与浮雕"对话框，其中的参数值设置如图 9-65 所示。

8. 在"斜面与浮雕"图层样式左侧单击"等高线"选项，打开"等高线"对话框，其中的参数值设置如图 9-66 所示。

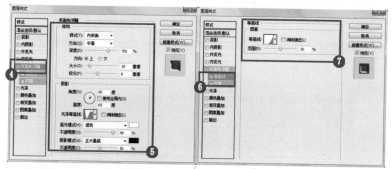

图 9-65 "斜面与浮雕"对话框          图 9-66 "等高线"对话框

9. 在"等高线"图层样式左侧单击"颜色叠加"选项，打开"颜色叠加"对话框，其中的参数值设置如图 9-67 所示。

10. 设置完毕单击"确定"按钮，效果如图 9-68 所示。

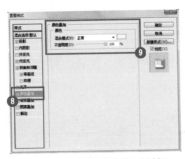

图 9-67 "颜色叠加"对话框

图 9-68 添加样式后

11. 选择工作路径 ❶，新建"图层 2"❷，在"画笔"面板中重新设置参数 ❸，如图 9-69 所示。

图 9-69 新建图层设置画笔

12. 在"路径"面板中，单击"用画笔描边路径"按钮 ⭕ ❹，效果如图 9-70 所示。

图 9-70 描边路径

13. 隐藏工作路径，在"图层 1"上右击❶选择"拷贝图层样式"❷，再在"图层 2"上右击❸选择"粘贴图层样式"❹，效果如图 9-71 所示。

图 9-71 复制图层样式

14. 选择"图层 1"❶和"图层 2"，按【Ctrl+Alt+E】快捷键，合并选取的图层，得到一个新的"图层 1（合并）"图层❷，如图 9-72 所示。

15. 将"图层 1（合并）"图层的"不透明度"设置为 12%，如图 9-73 所示。

图 9-72 合并

图 9-73 不透明度

16. 将"图层 1（合并）"图层中的图像移动到相应位置，至此实战制作完毕，效果如图 9-74 所示。

图 9-74 最终效果

# 9.8 自定义工具绘制形状

在 Photoshop 中可以通过相应的工具直接在页面中绘制矩形、椭圆形、多边形等几何图形，本节就为大家详细讲解用来绘制几何图像的工具，包括▢（矩形工具）、▢（圆角矩形工具）、⬭（椭圆工具）、⬡（多边形工具）、╱（直线工具）和✿（自定义形状工具）。

## 9.8.1 矩形工具

使用▢（矩形工具）可以绘制矩形和正方形，通过设置的属性可以创建形状图层、路径和以像素进行填充的矩形图形。

▢（矩形工具）的使用方法非常简单，选择该工具后在页面中选择起始点按住鼠标向对角处拖动，松开鼠标后即可创建矩形，如图 9-75 所示。

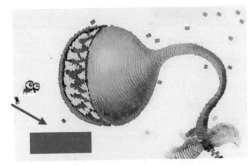

图 9-75 矩形工具绘制矩形

选择▢（矩形工具）后，单击"形状图层"按钮，选项栏中会显示针对该工具的一些属性设置，如图 9-76 所示。

其中的各项含义如下（重复或大致相同的选项设置就不做介绍了）。

⊙ 不受约束：绘制矩形时不受宽、高限制可以随意绘制。

图 9-76 选择形状图层时的矩形工具选项栏

- 方形：绘制矩形时会自动绘制出四边相等的正方形。

- 固定大小：选择该单选框后，可以通过后面的"宽"、"高"文本框中输入的数值来控制绘制矩形的大小。

- 比例：选择该单选框后，可以通过后面的"宽"、"高"文本框中输入预定的矩形长宽比例来控制绘制矩形的大小。

- 从中心：勾选此复选框后，在以后绘制矩形时，将会以绘制矩形的中心点为起点。

- 对齐像素：绘制矩形时所绘制的矩形会自动同像素边缘重合，使图形的边缘不会出现锯齿。

- 样式：在下拉列表中可以选择绘制形状图层时添加的图层样式效果。

- 颜色：用来设置绘制形状图层的颜色。

选择 ▢（矩形工具）后，单击"路径"按钮，选项栏中会显示针对该工具的一些属性设置，如图 9-77 所示。

图 9-77 选择路径时的矩形工具选项栏

选择 ▢（矩形工具）后，单击"填充像素"按钮，选项栏中会显示针对该工具的一些属性设置，如图 9-78 所示。选择"填充像素"按钮时的绘制效果可以参考本章中第 9.1.3 节填充像素。

图 9-78 选择填充像素时的矩形工具选项栏

((( 温馨提示 绘制矩形图像的同时按住【Shift】键会自动绘制正方形，相当于在"矩形选项"中选择"方形"。

### 9.8.2 圆角矩形工具

使用 ▣（圆角矩形工具）可以绘制具有平滑边缘的矩形，通过设置选项栏中的"半径"值来调整圆角的圆弧度。

▣（圆角矩形工具）的使用方法与 ▣（矩形工具）相同，绘制效果如图 9-79 所示。

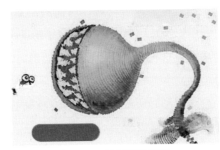

图 9-79 绘制圆角矩形

选择 ▣（圆角矩形工具）后，选项栏中会显示针对该工具的一些属性设置，如图 6-80 所示。

图 9-80 圆角矩形工具选项栏

其中的各项含义如下（重复或大致相同的选项设置就不做介绍了）。

◉ 半径：用来控制圆角矩形的 4 个角的圆滑度，输入的数值越大，4 个角就越平滑，输入的数值为 0 时绘制出的圆角矩形就是矩形。如图 9-81 所示的图像为设置不同半径时绘制的圆角矩形。

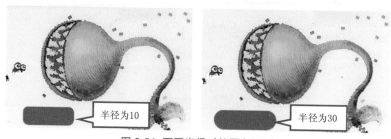

图 9-81 不同半径时的圆角矩形

温馨提示 在使用 ▢（圆角矩形工具）绘制圆角矩形的同时按住【Alt】键，将会以绘制圆角矩形的中心点为起点开始绘制。

### 9.8.3 椭圆工具

使用 ◉（椭圆工具）可以绘制椭圆形和正圆形，通过设置的属性可以创建形状图层、路径和以像素进行填充的矩形图形。

◉（椭圆工具）的使用方法和选项栏设置都与 ▢（矩形工具）相同，在页面中单击鼠标并拖动便可绘制出椭圆形。

温馨提示 在使用 ◉（椭圆工具）绘制椭圆的同时按住【Shift】键，可绘制正圆形；按住【Alt】键，将会以绘制椭圆的中心点为起点开始绘制；同时按住【Shift+Alt】快捷键，可以绘制以中心点为起点的正圆。

### 9.8.4 多边形工具

使用 ◉（多边形工具）可以绘制正多边形或星形，通过设置的属性可以创建形状图层、路径和以像素进行填充的矩形图形。

◉（多边形工具）的使用方法与 ▢（矩形工具）相同，绘制时的起点为多边形中心，终点为多边形的一个顶点，绘制效果如图 9-82 所示。

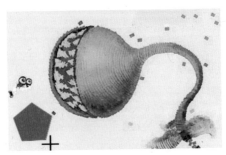

图 9-82 绘制多边形

选择 ⬭（多边形工具）后，选项栏中会显示针对该工具的一些属性
设置，如图 9-83 所示。

图 9-83 多边形工具选项栏

其中的各项含义如下（与之前功能相似的选项这里就不多讲了）。

◉ 边：用来控制创建的多边形或星形的边数。

◉ 半径：用来设置多边形或星形的半径。

◉ 平滑拐角：使多边形具有圆滑的顶角，边数越多越接近圆形。

◉ 星形：勾选此项后，绘制的多边形时会以星形进行绘制，如图
9-84 所示。

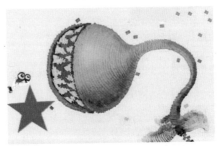

图 9-84 勾选星形时绘制的多边形

◉ 缩进边依据：用来控制绘制星形的缩进程度，输入的数值越大，
   缩进的效果越明显。取值范围为 1%~99%。

◉ 平滑缩进：选择平滑缩进可以使星形的边平滑地向中心缩进。

## 9.8.5 直线工具

在 Photoshop 中使用 ⬚（直线工具）可以绘制预设粗细的直线或带
箭头的指示线。⬚（直线工具）的使用方法非常简单，使用该工具在图
像中选择起点后，按住鼠标向任何方向拖动松开鼠标后，即完成直线的
绘制。如图 9-85 所示。

图 9-85 直线工具绘制直线

在"工具相"中选择 ⬚（直线工具）后，在属性栏中单击"形状图
层"按钮后，属性栏中变成该工具对应的选项效果，如图 9-86 所示。

图 9-86 直线工具属性栏

其中的各项含义如下（重复或大致相同的选项设置就不做介绍了）。

◉ 粗细：控制直线的宽度，数值越大，直线越粗，取值范围为
   1 ~ 1000。

- ⊙ 起点与终点：用来设置在绘制直线时，在起始点或终点出现的箭头。
- ⊙ 宽度：用来控制箭头的宽窄度，数值越大，箭头越宽，取值范围是 10% ～ 1000%。
- ⊙ 长度：用来控制箭头的长短，数值越大，箭头越长，取值范围是 10% ～ 5000%。
- ⊙ 凹度：用来控制箭头的凹陷程度，数值为正数时，箭头尾部向内凹，数值为负数时，箭头尾部向外凸出，数字为零时，箭头尾部平齐，取值范围是 –50% ～ 50%。

### 9.8.6 自定义形状工具

在 Photoshop 中使用 ▨（自定义形状工具）可以绘制出"形状拾色器"中选择的预设图案。

在"工具箱"中选择 ▨（自定义形状工具）后，在属性栏中单击"形状图层"按钮后，属性栏中变成该工具对应的选项效果，如图 9-87 所示。

图 9-87 自定义形状工具属性栏

其中的各项含义如下（与之前功能相似的选项这里就不多讲了）。

- ⊙ 形状拾色器：其中包含系统自定预设所有图案，选择相应的图案，使用 ▨（自定义形状工具便可以在页面中绘制，如图 9-88 所示。

图 9-88 自定义图案

# 9.9

# 定义路径为自定形状

利用"定义自定形状"命令可以将通过 （钢笔工具）或形状工具创建的路径直接定义为矢量图案。这样除了 Photoshop 提供的自定义图案库中的图案外，还可以创建不同的路径将其定义为填充的图像

**操作步骤：**

1. 执行菜单中的"文件 > 打开"命令或按【Ctrl+O】快捷键，打开随书附带光盘中的"素材文件 / 第 9 章 / 木偶模特 .jpg"素材，如图 9-89 所示。

2. 使用（钢笔工具）在素材中的小人和球处创建路径，如图 9-90 所示。

图 9-89 素材

图 9-90 创建路径

3. 路径绘制完毕后，执行菜单中的"编辑 > 定义自定形状"命令，打开"形状名称"对话框，其中的参数值设置如图 9-91 所示。

4. 设置完毕后单击"确定"按钮，此时使用（自定形状工具），在"形状"拾色器中可以看到"玩球"形状，如图 9-92 所示。

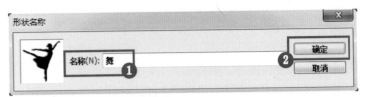

图 9-91 "形状名称"对话框

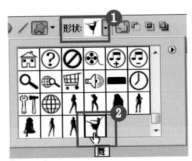

图 9-92 定义后的形状

## 9.10
# 沿路径键入文字

在 Photoshop 中自从 CS 版本以后，便可以在创建的路径上直接键入文字，文字会自动依附路径的形状产生动感效果，如图 9-93 所示。

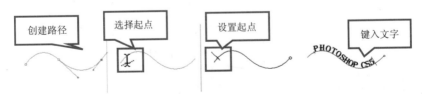

图 9-93 沿路径创建文字

# 习题与练习

1. 路径类工具包括以下哪两类工具？

   A. 钢笔工具　　　　　　　　　B. 矩形工具

   C. 形状工具　　　　　　　　　D. 多边形工具

2. 以下哪个工具可以选择一个或多个路径？

   A. 直接选择工具　　　　　　　B. 路径选择工具

   C. 移动工具　　　　　　　　　D. 转换点工具

3. 以下哪个工具可以激活"填充像素"？

   A. 多边形工具　　　　　　　　B. 钢笔工具

   C. 自由钢笔工具　　　　　　　D. 圆角矩形工具

4. 使用以下哪个命令可以对路径进行描边？

   A. 描边路径　　　　　　　　　B. 填充路径

   C. 剪贴路径　　　　　　　　　D. 储存路径

## 练习

通过描边路径制作邮票效果。

素材

描边得到的
邮票

# 第10章

## 图层的高级应用

本章重点：

⊙ 图层蒙版与矢量蒙版

⊙ 剪贴蒙版

⊙ 调整图层

本章主要介绍 Photoshop 软件关于图层高级应用方面的操作。

# 使用调整图层调整图像色调

在 Photoshop 中应用调整图层，可以在不更改图像本身像素的情况下对图像整体进行改观。在创建调整图层时又分为"新建填充图层"和"新建调整图层"两种。

## 10.1.1 创建填充图层

填充图层与普通图层具有相同的颜色混合模式和不透明度，也可以对其进行图层顺序调整、删除、隐藏、复制和应用滤镜等操作。执行菜单中的"图层 > 新建填充图层"命令，即可打开子菜单，其中包括"纯色"、"图案"和"渐变"命令，选择相应命令后可以根据弹出的"拾色器"、"图案填充"和"渐变填充"进行设置。默认情况下创建填充图层后，系统会自动生成一个图层蒙版，如图 10-1 所示。

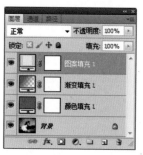

图 10-1 新建填充图层

## 10.1.2 创建调整图层

使用"新建调整图层"命令可以对图像的颜色或色调进行调整，与

"图像"菜单中"调整"命令不同的是，它不会更改原图像中的像素，执行菜单中的"图层 > 新建调整图层"命令，系统会弹出该命令的子菜单。选择相应调整命令后，绘制"图层"面板中新建一个图层蒙版，调整图层和填充图层一样拥有设置混合模式和不透明度功能，如图 10-2 所示。

图 10-2 调整图层

### 10.1.3 调整面板（CS4 新增功能）

创建"调整图层"后，系统会自动弹出调整命令对应的调整面板，比如选择"色相 / 饱和度"命令，此时的"调整"面板就会变为"色相 / 饱和度"调整面板，如图 10-3 所示。

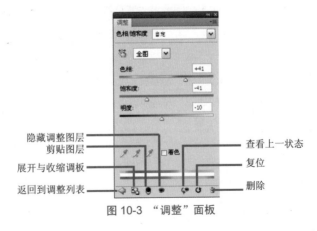

图 10-3 "调整"面板

其中的各项含义如下（重复或大致相同的选项设置就不做介绍了）。

◉ 返回到调整列表：单击可以转换到打开"调整"图层时的默认状态，如图 10-4 所示。

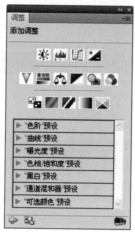

图 10-4 "调整"面板

◉ 展开与收缩面板：单击可以将面板在展开与收缩之间转换。

◉ 剪贴图层：创建的调整图层对下面的所有图层都起作用，单击此按钮可以只对当前图层起到调整效果。

◉ 隐藏调整图层：单击可以将当前调整图层在显示与隐藏之间转换。

◉ 查看上一状态：单击可以看到上一次调整的效果。

◉ 复位：单击恢复到面板的最初打开状态。

◉ 删除：单击可以将当前调整图层删除。

))) 温馨提示 新建的填充或调整图层的合并、复制与删除的应用都与普通图层相同。

**上机实战** 通过调整图层调整怀旧色调

本次实战主要让大家了解调整图层在实际应用中的作用，具体操作如下。

**操作步骤:**

1. 打开一个自己喜欢的图片作为背景,执行"文件 > 打开"命令或按【Ctrl+O】快捷键,打开随书附带光盘中的"素材文件 / 第 10 章 / 温馨照片 .jpg"素材 , 如图 10-5 所示。

图 10-5 素材

2. 单击"调整"面板中的创建新的"色相 / 饱和度调整图层"图标❶,打开"色相饱和度"调整面板,设置相应的参数值❷,如图 10-6 所示。

3. 设置完毕后,调整的效果如图 10-7 所示。

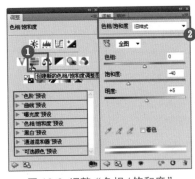

图 10-6 调整"色相 / 饱和度"

图 10-7 调整后

4. 执行菜单中的"图层 > 新建调整图层 > 照片滤镜"命令,打开"新建调整图层"对话框,单击"确定"按钮,弹出"照片滤镜"调整面板,其中的参数值❸设置如图 10-8 所示。

5. 设置完毕后,调整的效果如图 10-9 所示。

图 10-8 "照片滤镜"调整面板

图 10-9 调整后

6. 单击"图层"面板中的"创建新的填充或调整图层"按钮④，在弹出菜单中选择"自然饱和度"⑤，此时"调整"面板变为"自然饱和度"调整面板，参数值设置⑥如图 10-10 所示。

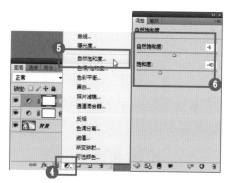
图 10-10 选择调整面板

7. 设置完毕后，得到最终效果，如图 10-11 所示。此时"图层"面板如图 10-12 所示。

图 10-11 最终效果

图 10-12 "图层"面板

## 10.2 创建剪贴蒙版

Photoshop 中使用"创建剪贴蒙版"命令可以为图层添加剪贴蒙版效果。剪贴蒙版是使用基底图层中图像的形状来控制上面图层中图像的显示区域。

**上机实战** 创建剪贴蒙版效果

本次实战主要让大家了解创建剪贴蒙版的方法，具体创建过程如下。

操作步骤：

1. 执行菜单中的"文件 > 打开"命令或按【Ctrl+O】快捷键，打开随书附带光盘中的"素材文件 / 第 10 章 / 背景图 .jpg、多人模特 .psd 和树叶 .jpg"素材，如图 10-13 所示。

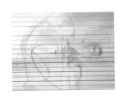

图 10-13 素材

2. 使用 ⊕（移动工具）拖动"多人模特"和"树叶"素材中的图像到"背景图"素材中，此时会在调板中新建两个"图层"，如图 10-14 所示。

3. 选择树叶所在的图层，执行菜单中的"图层 > 创建剪贴蒙版"命令，为图层添加剪贴蒙版，效果如图 10-15 所示。

图 10-14 移动图像

图 10-15 剪贴蒙版

4. 按住【Ctrl】键单击"图层 1"图层的缩略图❶，调出选区，新建"图层 3"❷，将选区填充为"黑色"，如图 10-16 所示。

图 10-16 调出选区并填充

5. 设置"不透明度"为"26%"**③**，按【Ctrl+T】快捷键调出变换框 **④**，按住【Ctrl】键拖动控制点，对图像进行扭曲变换，如图 10-17 所示。

图 10-17 变换

6. 按【Enter】键确定，按【Ctrl+D】快捷键去掉选区，至此本操作制作完成，如图 10-18 所示。

图 10-18 最终效果

技巧 在"图层"调板中两个图层之间按住【Alt】键**①**，此时光标会变成 形状**①**，单击即可转换上面的图层为剪贴蒙版图层，如图 10-19 所示。在剪贴蒙版的图层间单击此时光标会变成 形状**②**，单击可以取消剪贴蒙版设置。

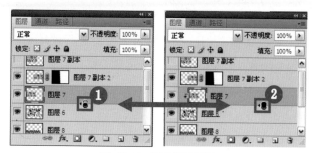

图 10-19 创建剪贴蒙版

# 使用图层蒙版合成图像

图层蒙版可以理解为在当前图层上面覆盖一层玻璃片，这种玻璃片有：透明和黑色不透明两种，前者显示全部，后者隐藏部分。然后用各种绘图工具在蒙版上（既玻璃片上）涂色（只能涂黑、白、灰色），涂黑色的地方蒙版变为不透明，看不见当前图层的图像，涂白色则使涂色部分变为透明，可看到当前图层上的图像，涂灰色使蒙版变为半透明，透明的程度由涂色的深浅决定。

图层蒙版可以用来在图层与图层之间创建无缝的合成图像，并且不对图层中的图像进行破坏。在实际作品设计应用中蒙版可用于图像中的文字与图像的合成中。

## 10.3.1 创建图层蒙版

在实际设计应用中往往需要在图像中创建不同的蒙版来修饰整体，在创建蒙版的过程中不同的样式会创建不同的图层蒙版，蒙版又分为整体蒙版和部分蒙版。

### 1. 整体图层蒙版

整体图层蒙版指的是创建一个将当前图层进行覆盖遮片效果的蒙版，从而将当前图层中的像素进行遮罩隐藏，整体蒙版有显示全部和隐藏全部两种，具体的创建方法如下：

1. 执行在菜单中"图层 > 蒙版 > 显示全部"命令，此时在图层面板的该图层上便会出现一个白色蒙版缩略图；在"图层"面板中单击"添加图层蒙版"按钮 ，同样可以快速创建一个白色蒙版缩略图，如图 10-20 所示，此时蒙版为透明效果。

图 10-20　添加透明蒙版

2. 执行在菜单中"图层 > 蒙版 > 隐藏全部"命令，此时在图层面板的该图层上便会出现一个黑色蒙版缩略图；在"图层"面板中按住【Alt】键单击"添加图层蒙版"按钮 ，可以快速创建一个黑色蒙版缩略图，如图 10-21 所示，此时蒙版为不透明效果，可以将当前图层中的像素进行隐藏。

图 10-21　添加不透明蒙版

**温馨提示** 在图层中创建的蒙版黑色区域能够把当前图层中的像素进行隐藏；白色区域还是会显示当前图层中的像素；灰色部分会以灰色的强度来以半透明的方式进行显示。

**技巧** 在"图层"面板中直接单击"添加图层蒙版"按钮 ▣ 可以快速创建透明显示全部的蒙版；按住【Alt】键单击"添加图层蒙版"按钮 ▣ 可以创建隐藏全部的蒙版。

### 2. 选区蒙版

选区蒙版指的是在图层中的某个区域以显示或隐藏的方式进行创建的蒙版，选区蒙版主要包含显示选区和隐藏选区两种，具体的创建方法如下：

1. 如果图层中存在选区。执行在菜单中"图层 > 蒙版 > 显示选区"命令，或在"图层"面板中单击"添加图层蒙版"按钮 ▣，此时选区内的图像会被显示，选区外的图像会被隐藏，如图 10-22 所示。

图 10-22 为选区添加透明蒙版

2. 如果图层中存在选区。执行在菜单中"图层 > 蒙版 > 隐藏选区"命令，或在"图层"面板中按住【Alt】键单击"添加图层蒙版"按钮 ▣，此时选区内的图像会被隐藏，选区外的图像会被显示，如图 10-23 所示。

图 10-23 为选区添加不透明蒙版

> **温馨提示** 图像中存在选区时，单击"添加图层蒙版"按钮 ，可以在选区内创建透明蒙版，在选区以外创建不透明蒙版；按住【Alt】键单击"添加图层蒙版"按钮 ，可以在选区内创建不透明蒙版，在选区以外创建透明蒙版。

### 10.3.2 显示与隐藏图层蒙版

创建蒙版后，可以通过显示与隐藏图层蒙版的方法对整体图像进行预览，查看一下添加蒙版后与未添加图层蒙版之前的对比效果。操作方法是执行菜单中"图层>蒙版>停用"命令，或在蒙版缩略图上单击右键，在弹出的菜单中选择"停用图层蒙版"命令，此时在蒙版缩略图上会出现一个红叉，表示此蒙版应用被停用，如图 10-24 所示。再执行菜单中"图层>蒙版>启用"命令，或在蒙版缩略图上单击右键，在弹出的菜单中选择"启用图层蒙版"命令，即可重新启用蒙版效果。

图 10-24 显示与隐藏图层蒙版

### 10.3.3 删除图层蒙版

删除蒙版指的是将添加的图层蒙版从图像中删掉。操作方法是创建蒙版后，执行菜单中"图层 > 蒙版 > 删除"命令，即可将当前应用的蒙版效果从图层中删除，图像恢复原来效果，如图 10-25 所示。

图 10-25 删除图层蒙版

**技巧** 拖动蒙版缩略图到"删除"按钮 📑 上，此时系统会弹出如图 10-26 所示的对话框，选择"删除"即可将图层蒙版从图像中删除；选择"应用"可以将蒙版与图像合成为一体；选择"取消"将不参与操作。

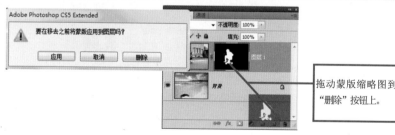

拖动蒙版缩略图到"删除"按钮上。

图 10-26 删除图层蒙版

### 10.3.4 应用图层蒙版

应用图层蒙版指的是将创建图层蒙版与图像合为一体。操作方法是创建蒙版后，执行菜单中"图层 > 蒙版 > 应用"命令，可以将当前应用的蒙版效果直接与图像合并，如图 10-27 所示。

图 10-27 应用图层蒙版

### 10.3.5 链接和取消图层蒙版的链接

链接后的图层蒙版可以跟随图像进行移动、变换等操作。操作方法是创建蒙版后，在默认状态下蒙版与当前图层中的图像是处于链接状态的，在图层缩略图与蒙版缩略图之间会出现一个链接图标 ⊗。此时移动图像时蒙版会跟随移动，执行菜单中"图层 > 蒙版 > 取消链接"命令，会将图像与蒙版之间的链接取消，此时 ⊗ 图标会隐藏，移动图像时蒙版不跟随移动，如图 10-28 所示。

移动未链接的图像

图 10-28 取消链接

技巧 创建图层蒙版后，使用鼠标单击缩略图与蒙版缩略图之间的 ⊗ 图标，即可解除蒙版的链接，在图标隐藏的位置单击又会重新建立链接。

## 10.3.6 "蒙版"面板（CS4 新增功能）

"蒙版"面板可以对创建的图层蒙版进行更加细致的调整，使图像合成更加细腻，使图像处理更加方便。创建蒙版后，执行在菜单中"窗口 > 蒙版"命令即可打开如图 10-29 所示的"蒙版"面板。

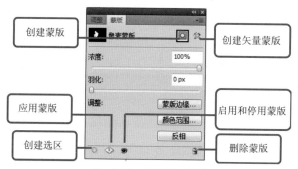

图 10-29 "蒙版"面板

其中的各项含义如下（重复或大致相同的选项设置就不做介绍了）。

◉ 创建蒙版：用来为图像创建蒙版或在蒙版与图像之间选择。

◉ 创建矢量蒙版：用来为图像创建矢量蒙版或在矢量蒙版与图像之间进行选择。图像中不存在矢量蒙版时，只要单击该按钮，即可在该图层中新建一个矢量蒙版，如图 10-30 所示。

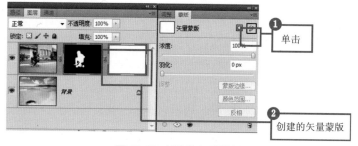

图 10-30 创建的矢量蒙版

◉ 浓度：用来设置蒙版中黑色区域的透明程度，数值越大，蒙版缩略图中的颜色越接近黑色，蒙版区域也就越透明。

◉ 羽化：用来设置蒙版边缘的柔和程度，与选区羽化相类似。

◉ 蒙版边缘：可以更加细致的调整蒙版的边缘，单击会打开如图 10-31 所示的"调整蒙版"对话框，设置各项参数即可调整蒙版的边缘，各项参数的含义可以参考第2章中的"调整选区"选项。

图 10-31 "调整蒙版"对话框

◉ 颜色范围：用来重新设置蒙版的效果，单击即可打开"色彩范围"对话框，具体使用方法与第 5 章中的"色彩范围"一样。

◉ 反相：单击该按钮，可以将蒙版中的黑色与白色进行对换。

◉ 创建选区：单击该按钮，可以从创建的蒙版中生成选区，被生成选区的部分是蒙版中的白色部分。

◉ 应用蒙版：单击该按钮，可以将蒙版与图像合并，效果与执行菜单中"图层 > 图层蒙版 > 应用"命令一致。

◉ 启用与停用蒙版：单击该按钮可以将蒙版在显示与隐藏之间转换。

◉ 删除蒙版：单击该按钮可以将选择的蒙版缩略图从"图层"面板中删除。

# 10.4 图层蒙版的编辑

在创建蒙版后使用相应工具或命令对其进行编辑才能起到真正的蒙版作用。

## 10.4.1 使用画笔编辑蒙版

（画笔工具）编辑蒙版时最值得注意的莫过于前景色，前景色为黑色时可以将画笔经过的区域进行遮蔽，如图 10-32 所示；为灰色时会以半透明的方式进行遮蔽，如图 10-33 所示；为白色时将不遮蔽图像，如图 10-34 所示。

图 10-32  黑色画笔编辑蒙版

图 10-33  灰色画笔编辑蒙版

图 10-34 白色画笔编辑蒙版

## 10.4.2 使用橡皮擦编辑蒙版

对于 ▨（橡皮擦工具）编辑蒙版时与 ▨（画笔工具）编辑方法是相同的，不同的是在操作时 ▨（橡皮擦工具）需要与"工具箱"中的"背景色"相对应。

## 10.4.3 使用建渐变编辑蒙版

▨（渐变工具）在蒙版中的参与主要目的就是将两个以上的图像进行更加渐隐的融合，使其看起来更像是一副图像。在具体操作时，不同的渐变模式产生的融合效果也是有差异的，具体要看最终效果要体现的是局部融合还是大范围融合，如图 10-35 所示的图像分别为应用不同渐变模式后产生的蒙版融合效果。

图 10-35 不同渐变模式下的蒙版效果

对于 （渐变工具）编辑蒙版时最需注意的就是渐变色的安排，如果将渐变顺序颠倒的话，最终的渐变蒙版也会出现相反的蒙版融合效果，如图10-36所示的图像分别为"从黑到白"和"从白到黑"时的渐变蒙版效果。

从白到黑径向渐变

从黑到白径向渐变

图 10-36 相反渐变色产生的蒙版

# 10.5

# 矢量蒙版

矢量蒙版的作用与图层蒙版类似，只是创建或编辑矢量蒙版时要使用钢笔工具或形状工具。选区、画笔、渐变工具不能编辑矢量蒙版。

## 10.5.1 创建矢量蒙版

矢量蒙版可以直接创建空白蒙版和黑色蒙版，执行菜单中的"图层 > 矢量蒙版 > 显示全部或隐藏全部"命令，即可在图层中创白色或黑色矢量蒙版，"图层"面板中的"矢量蒙版"显示效果与"图层蒙版"显示效果相同，这里就不多讲了，当在图像中创建路径后，执行菜单中"图层 > 矢量蒙版 > 当前路径"命令，即可在路径中建立矢量蒙版，如图10-37所示。

图 10-37 矢量蒙版

### 10.5.2 编辑矢量蒙版

创建矢量蒙版后可以通过钢笔工具对其进行进一步的编辑，如图 10-38 所示的图像为在空白矢量蒙版中创建路径，此时 Photoshop 就会自动为矢量蒙版进行编辑。

图 10-38 编辑矢量蒙版

## 10.6

# 智能对象

将图像转换成智能对象后，将图像缩小，再复原到原来大小后，图像的像素不会丢失，智能对象还支持多层嵌套功能和应用滤镜，并将应用的滤镜显示在智能对象图层的下方。

### 10.6.1 创建智能对象

执行菜单中"图层 > 智能对象 > 转换为智能对象"命令，可以将图层中的单个图层、多个图层转换成一个智能对象或将选取的普通图层与智能对象图层转换成一个智能对象。转换成智能对象后，图层缩略图会出现一个表示智能对象的图标，如图 10-39 所示。

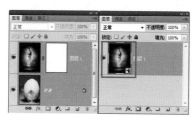

图 10-39 转换为智能对象

### 10.6.2 编辑智能对象

编辑智能对象可以对智能对象的源文件进行编辑，修改并储存源文件后，对应的智能对象会随之改变，如图 10-40 示。

单击"确定"按钮后，在弹出源文件中更改色调后关闭源文件，智能对象也会跟随改变

图 10-40 编辑智能对象

### 10.6.3 导出和替换智能对象

执行菜单中"图层 > 智能对象 > 导出内容"命令，可以将智能对象的内容按照原样导出到任意驱动器中，智能对象将采用 PSB 或 PDF 格式储存。

执行菜单中"图层 > 智能对象 > 替换内容"命令，可以将重新选取的图像来替换掉当前文件中的智能对象的内容，如图 10-41 所示。

图 10-41 替换内容

### 10.6.4 转换智能对象为普通图层

执行菜单中"图层 > 智能对象 > 转换到图层"命令，可以将智能对象变成普通图层，智能对象拥有的特性将会消失。

## 10.7 习题与练习

1. 矢量蒙版可以使用以下哪个工具编辑？

    A. 钢笔工具　　　　　　　　　B. 矩形工具

    C. 画笔工具　　　　　　　　　D. 多边形工具

2. 编辑蒙版时，画笔需要前景色作为参考，需要设置背景色作为参考的工具是哪个？

    A. 直接选择工具　　　　　　　B. 橡皮擦工具

    C. 移动工具　　　　　　　　　D. 转换点工具

**练习**

使用"调整图层"为黑白照片上色，如图 10-42 所示。

素材："素材文件 / 第 10 章 / 黑白照片 .jpg"

提示：使用 （快速选择工具）创建选区后，打开"色相 / 饱和度"调整面板进行上色。

素材

调整色调

图 10-42 使用"调整图层"为黑白照片上色

# 第11章

## 快速蒙版与通道

本章重点：

⊙ 了解蒙版的概念

⊙ 掌握快速蒙版的创建与编辑

⊙ 了解通道的概念

⊙ 掌握载入与储存选区的使用方法

本章主要介绍Photoshop软件关于蒙版与通道方面的应用与操作。

# 了解蒙版与通道的概念

在 Photoshop 中蒙版与通道是属于高级操作部分，学会蒙版与通道的各项操作可以使您在设计时如鱼得水。

## 11.1.1 蒙版的概念

在 Photoshop 中，通过应用蒙版可以对图像的某个区域进行保护，此时在处理其他位置的图像时，该区域将不会被编辑，在处理完效果后如果感觉不满意，只要将蒙版取消即可还原图像，此时会发现被编辑的图像根本没有遭到破坏，总之蒙版可以对图像起到保护作用。

蒙版就是在原来的图层上加上一个看不见的图层，其作用就是显示和遮盖原来的图层。它使原图层的部分消失（透明），但并没有删除掉，而是被蒙版给遮住了。蒙版是一个灰度图像，所以可以用所有处理灰度图的工具去处理，如画笔工具、橡皮擦工具、部分滤镜等。

蒙版还可以理解为一种选区，但它跟常规的选区颇为不同。常规的选区表现了一种操作趋向，即将对所选区域进行处理；而蒙版却相反，它是对所选区域进行保护，让其免于操作，而对非掩盖的地方应用操作，通过蒙版可以创建图像的选区，也可以对图像进行抠图。

## 11.1.2 通道的概念

在 Photoshop 中，通道是存储不同类型信息的灰度图像。

颜色信息通道是在打开新图像时自动创建的。图像的颜色模式决定了所创建的颜色通道的数目。例如，RGB 图像的每种颜色（红色、绿色和蓝色）都有一个通道，并且还有一个用于编辑图像的复合通道。

Alpha 通道将选区存储为灰度图像。可以添加 Alpha 通道来创建和存储蒙版，这些蒙版用于处理或保护图像的某些部分。

专色通道指定用于专色油墨印刷的附加印版。

一个图像最多可有 56 个通道。所有的新通道都具有与原图像相同的尺寸和像素数目。

通道所需要的文件大小由通道中的像素信息决定。某些文件格式（包括 TIFF 和 PSD 格式）将压缩通道信息并且可以节约空间。当从弹出菜单中选择"文档大小"时，未压缩文件的大小（包括 Alpha 通道和图层）显示在窗口底部状态栏的最右边。

> **温馨提示** 只要以支持图像颜色模式的格式储存文件即可保留颜色通道。只有以 PSD、PDF、PICT、TIFF 或 Raw 格式储存文件时，才能保留 Alpha 通道。DCS 2.0 格式只保留专色通道。用其他格式储存文件时可能会导致通道信息丢失。

## 11.2 快速蒙版

在 Photoshop 中，快速蒙版指的是在当前图像上创建一个半透明的图像，快速蒙版模式使你可以将任何选区作为蒙版进行编辑，而不必使用"通道"面板，在查看图像时也可如此。将选区作为蒙版来编辑的优点是：几乎可以使用任何 Photoshop 工具或滤镜修改蒙版。比如创建一个选区后，进入快速蒙版模式后，可以使用画笔扩展或收缩选区、使用滤镜设置选区边缘，因为快速蒙版不是选区。

当在快速蒙版模式中工作时，"通道"面板中出现一个临时快速蒙版通道。但是，所有的蒙版编辑都是在图像窗口中完成的。

## 11.2.1 创建快速蒙版

在工具箱中直接单击"以快速蒙版模式编辑"按钮 ◎，就可以进入快速蒙版编辑状态，如图 11-1 所示。当图像中存在选区时，单击"以快速蒙版模式编辑"按钮 ◎ 后，默认状态下，选区内的图像为可编辑区域，选区外的内容为受保护区域，如图 11-2 所示。

图 11-1 快速蒙版          图 11-2 为选区创建快速蒙版

## 11.2.2 更改蒙版颜色

蒙版颜色指的是覆盖在图像中保护图像某区域的透明颜色，默认状态下为"红色"，"透明度"为 50%。在工具箱中的"以快速蒙版模式编辑"按钮 ◎ 上双击，即可弹出如图 11-3 所示的"快速蒙版选项"对话框。

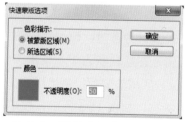

图 11-3 "快速蒙版选项"对话框

其中的各项含义如下（重复或大致相同的选项设置就不做介绍了）。

- ◉ 色彩提示：用来设置在快速蒙版状态时遮罩显示位置。
  - 被蒙版区域：快速蒙版中有颜色的区域代表被蒙版的范围，没有颜色的区域则是选区范围。
  - 所选区域：快速蒙版中有颜色的区域代表选区范围，没有颜色的区域则是被蒙版的范围。
- ◉ 颜色：用来设置当前快速蒙版的颜色和透明程度，默认状态下为"不透明度"为 50% 的"红色"，单击颜色图标即可弹出"选择快速蒙版颜色："对话框，选择的颜色即为快速蒙版状态下的蒙版颜色，如图 11-4 所示的图像是蒙版为"蓝色"的快速蒙版状态。

图 11-4 更改颜色为"绿色"

### 11.2.3 编辑快速蒙版

进入快速蒙版模式编辑状态时，使用相应的工具或命令可以对创建的快速蒙版重新编辑。在默认状态下，使用深色在可编辑区域涂抹时，即可将其转换为保护区域的蒙版；使用浅色在蒙版区域涂抹时，即可将其转换为可编辑状态，如图 11-5 所示，按【Ctrl+T】快捷键调出变换框，此时可编辑区域的变换效果与对选区的变换效果一致，如图 11-6 所示。

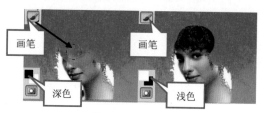

图 11-5 涂抹蒙版

图 11-6 变换蒙版

**技巧** 当使用橡皮擦对蒙版进行编辑时，产生的编辑效果与画笔对应的前景色不同，最终效果取决于背景色。

## 11.2.4 退出快速蒙版

在快速蒙版状态下编辑完毕后，单击工具箱中的"以标准版模式编辑"按钮 ⊙，即可退出快速蒙版，此时被编辑的区域会以选区显示，如图 11-7 所示。

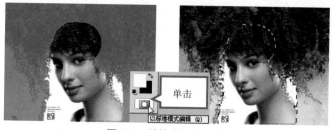

图 11-7 转换为标准模式

**技巧** 按住【Alt】键单击"以快速蒙版模式编辑"按钮 ⊙，可以在不打开"快速蒙版选项"对话框的情况下，自动切换"被蒙版区域"和"所选区域"选项，蒙版会根据所选的选项而变化。

## 通道面板

在 Photoshop 中，"通道"面板列出图像中的所有通道，对于 RGB、CMYK 和 Lab 图像，将最先列出复合通道。通道内容的缩览图显示在通道名称的左侧；在编辑通道时会自动更新缩览图，"通道"面板中一般包含复合通道、颜色通道、专色通道和 Alpha 通道，如图 11-8 所示。

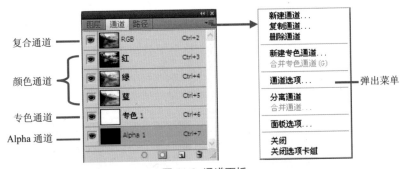

图 11-8　通道面板

> **技巧**　利用快捷键可以在复合通道与单色通道、专色通道和 Alpha 通道之间转换，按【Ctrl+~】快捷键可以直接选择复合通道，按【Ctrl+1、2、3、4、5】等快捷键可以快速选择单色通道、专色通道和 Alpha 通道，面板中的通道越多，快捷键为按顺序出现相应的【Ctrl+ 数字】。

### 11.3.1　新建 Alpha 通道

新建通道可以在"通道"面板中创建一个 Alpha 通道，创建方法如下。

**操作步骤：**

1. 在"通道"面板中单击"创建新通道"按钮 ，此时就会在"通道"面板中就会新建一个黑色 Alpha 通道，如图 11-9 所示。

2. 在弹出菜单中选择"新建通道"命令，打开"新建通道"对话框，如图 11-10 所示。在其中可以设置新建 Alpha 通道的设置选项，单击"确定"按钮即可新建一个 Alpha 通道。

图 11-9 新建通道

图 11-10 "新建通道"对话框

 **技巧** 按住【Alt】键单击"创建新通道"按钮 ，同样会弹出"新建通道"对话框。

### 11.3.2 复制与删除通道

复制通道可以在面板中得到一个副本；删除通道可以将其从面板中清除。

**复制通道：**

在"通道"面板中拖动选择的通道到"创建新通道"按钮 上，即可得到一个该通道的副本，如图 11-11 所示。

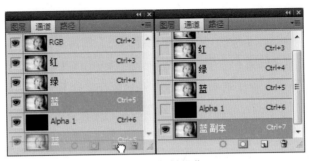

图 11-11 复制通道

**删除通道：**

在"通道"面板中拖动选择的通道到"删除通道"按钮 🗑 上，即可将当前通道从"通道"面板中删除，如图 11-12 所示。

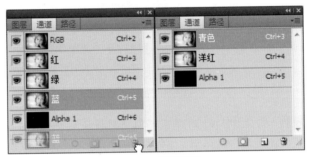

图 11-12 删除通道

### 11.3.3 编辑 Alpha 通道

创建 Alpha 通道后，可以通过相应的工具或命令对创建的 Alpha 通道进行进一步的编辑，在"通道"面板中将 Alpha 通道前面的小眼睛显示出来，可以更加直观地编辑通道，此时的编辑方法与编辑快速蒙版相类似。默认状态下，通道中黑色部分为保护区域，白色区域为可编辑位置，如图 11-13 所示。

图 11-13 编辑 Alpha 通道

## 11.3.4 将通道作为选区载入

在"通道"面板中选择要载入选区的通道后，单击"将通道作为选取载入"按钮 ◎，此时就会将通道中的浅色区域作为通道载入，如图 11-14 所示。

图 11-14 载入通道选区

> **技巧** 按住【Ctrl】键单击选择的通道，可调出通道中选区；拖动选择的通道到"将通道作为选取载入"按钮 ◎ 上，即可调出选区。

**上机实战** 通过通道减淡局部图像

本实战主要让大家了解在"通道"面板中载入选区的方法。

第11章 快速蒙版与通道应用

**操作步骤:**

1. 执行菜单中的"文件 > 打开"命令或按【Ctrl+O】快捷键,打开随书附带光盘中的"素材文件/第11章/刺猬.jpg"素材,如图11-15所示。

2. 转到"通道"面板中,选择一个较淡的通道,这里选择"绿"通道①,将其拖动到"创建新通道"按钮■②上,得到一个"绿副本"通道③,如图11-16所示。

图 11-15 素材

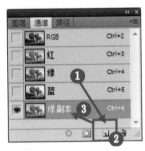

图 11-16 "通道"面板

3. 按住【Ctrl】键单击"绿副本"通道①,调出选区,转换到"图层"面板,新建"图层1"②,将选区填充为"白色",如图11-17所示。

图 11-17 调出与填充选区

4. 按【Ctrl+D】快捷键去掉选区,使用 (快速选择工具)在人物和刺猬上拖动创建选区,如图11-18所示。

5. 单击"添加图层蒙版"按钮 ,为"图层1"添加蒙版,效果如图11-19所示。

图 11-18 创建选区

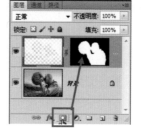
图 11-19 添加蒙版

6. 确定选择的是"蒙版"缩略图，将前景色设置为"黑色"，使用 （画笔工具）在人物的下巴、胸前以及刺猬的底部拖动编辑蒙版，效果如图 11-20 所示。

图 11-20 编辑蒙版

7. 至此本实战制作完成，效果如图 11-21 所示。

图 11-21 最终效果

### 11.3.5　创建专色通道

专色通道可以保存专色信息。它具有 Alpha 通道的特点，也可以具有保存选区等作用。每个专色通道只可以存储一种专色信息，而且是以灰度形式来存储的。

专色的准确性非常高而且色域很宽，它可以用来替代或补充印刷色，如烫金色、荧光色等。专色中的大部分颜色是 CMYK 无法呈现的。创建专色通道的方法主要有以下几种。

**操作步骤：**

1. 在"通道"面板的弹出菜单中选择"新建专色通道"命令，可以打开"新建专色通道"对话框，如图 11-22 所示，设置"油墨特性"的"颜色"和"密度"后，单击"确定"按钮，即可在面板中新建一个"专色"通道，如图 11-23 所示。

图 11-22　载入通道选区

图 11-23　"通道"面板

2. 如果在图像中存在选区，创建专设通道的方法与无选区相同，只是在"专色"通道中可以看到选区内的专色，如图 11-24 所示。

图 11-24　带选区时新建的专色通道

3. 如果通道中存在 Alpha 通道，只要使用鼠标双击 Alpha 通道的缩略图，即可打开"通道选项"对话框，在对话框中只要选择"专色"单选框，单击"确定"按钮，此时就会发现 Alpha 通道已经转换成了专色通道，如图 11-25 所示。

图 11-25 转换 Alpha 通道为专色通道

**技巧** 如果在专色通道中使用定制色彩，就不要为创建的专色重新命名了。如果重新命名了该通道，色彩就会被其他应用程序干扰。

**技巧** 除了位图模式以外，其余所有的色彩模式下都可以建立专色通道。也就是说，即使是灰度模式的图片，也可以使之呈现出彩色图像效果，只要加上专色。

## 11.3.6 编辑专色通道

创建专色通道后，可以使用画笔、橡皮擦或滤镜命令对其进行相应的编辑，具体操作与 Alpha 通道相似。

**温馨提示** 更改通道的蒙版显示颜色与快速蒙版的改变方法相同；Alpha 通道一般用来储存选区，专色通道是一种预先混合的颜色，当只需要在部分图像上打印一种或两种颜色时，常使用专色通道，该通道经常使用在徽标或文字上，用来加强视觉效果引人注意。

温馨提示 存储为 PSD、TIFF、DCS2.0、EPS 格式时，都可保留专色通道。

## 11.4 分离与合并通道

在 Photoshop "通道"面板中存在的通道是可以进行重新拆分和拼合的，拆分后可以得到不同通道下的图像显示的灰度效果，将分离后并单独调整后的图像，通过"合并通道"命令，可以将图像还原为彩色，只是在设置的通道图像不同时会产生颜色差异。

### 11.4.1 分离通道

分离通道可以将图像从彩色图像中拆分出来，从而显示原本的灰度图像，具体操作方法为：在"通道"的弹出菜单中选择"分离通道"命令，即可将图像拆分为组成彩色图像的灰度图像，如图 11-26 所示的效果为分离前后的显示图像效果对比。

图 11-26 分离通道的对比效果

### 11.4.2 合并通道

合并通道可以将分离后并调整完毕的图像合并。单击"通道"面板下拉菜单中的"合并通道"选项，系统会弹出如图 11-27 所示的"合并通道"对话框。在"模式"下拉列表中选择"RGB 颜色"❶，在"通道"文本框中输入数量为"3"❷。

调整完毕，单击"确定"按钮后，会弹出"合并 RGB 通道"对话框，在"指定通道"选项中指定合并后的通道❸，如图 11-28 所示。

图 11-27 "合并通道"对话框

图 11-28 "合并 RGB 通道"对话框

设置完毕单击"确定"按钮，完成合并效果，如图 11-29 所示。

图 11-29 合并通道

# 11.5 储存与载入选区

在 Photoshop 中储存的选区通常会被放置在 Alpha 通道中，再将选区进行载入时，被载入选区就是存在于 Alpha 通道中的选区。

### 11.5.1 储存选区

在处理图像时创建的选区不止使用一次，如果相对创建的选区进行多次使用时，就应该将其储存以便以后的多次应用，对选区的储存可以通过"储存选区"命令来完成，比如在一张打开的图像中创建了一个选区，执行菜单中的"选择 > 储存选区"命令，即可打开"储存选区"对话框，如图 11-30 所示。单击"确定"按钮，即可将当前选区储存到 Alpha 通道中。

图 11-30　"储存选区"对话框

其中的各项含义如下（重复或大致相同的选项设置就不做介绍了）。

- 文档：当前选区储存的文档。
- 通道：用来选择储存选区的通道。
- 名称：设置当前选区储存的名称，设置的结果会将 Alpha 通道名称替换。
- 新建通道：储存当前选区到新通道中，如果通道中存在 Alpha 通道，在储存新选区时，在对话框中的"通道"中选择存在的"Alpha"通道时，操作部分的"新建通道"会变成"替换通道"，其他的选项会被激活，如图 11-31 所示。
- 替换通道：替换原来通道。
- 添加到通道：在原有通道中加入新通道，如果选区相交，则组合成新的通道。
- 从通道中减去：在原有通道中加入新通道，如果选区相交，则合成的选择区域会刨除相交的区域。

**图 11-31 替换通道**

温馨提示 具体储存选区的方法大家可以参考随书附带的视频。

- 与通道交叉：在原有通道中加入新通道，如果选区相交，则合成的选择区域会只留下相交的部分。

## 11.5.2 载入选区

储存选区后，在以后的应用中会经常用到储存的选区，下面就为大家讲解一下将储存的选区载入的方法，当储存选区后，执行菜单中的"选择 > 载入选区"命令，可以打开"载入选区"对话框，如图 11-32 所示。

**图 11-32 "载入选区"对话框**

其中的各项含义如下（重复或大致相同的选项设置就不做介绍了）。

- 文档：要载入选区的当前文档。
- 通道：载入选区的通道。

◉ 反相：勾选该复选框，会将选区反选。

◉ 新建选区：载入通道中的选区，当图像中存在选区时，勾选此项可以替换图像中的选区，此时操作部分的其他选项会被激活，如图 11-33 所示。

图 11-33　"载入选区"对话框

◉ 添加到选区：载入选区时与图像的选区合成一个选区。

◉ 从选区中减去：载入选区时与图像中选区交叉的部分将会被刨除。

◉ 与选区交叉：载入选区时与图像中选区交叉的部分保留。

 **温馨提示** 具体载入选区的方法大家可以参考随书附带的视频。

# 11.6
## 通道抠出半透明图像

在 Photoshop 中抠图可以使用很多工具和命令，但是如果想抠出半透图像的话就得使用"通道"了，具体操作如下。

**操作步骤：**

1. 在菜单中执行"文件 > 打开"命令或按【Ctrl+O】快捷键，

打开随书附带光盘中的"素材文件 / 第 11 章 / 婚纱 .jpg"素材，如图 11-34 所示。

2. 转换到"通道"调板，拖动"绿通道"❶到"创建新通道"按钮❷上，得到"绿副本通道"❸，如图 11-35 所示。

图 11-34 素材

图 11-35 复制通道

3. 按【Ctrl+I】快捷键将图像转换成负片，再执行菜单"图像 > 调整 > 色阶"命令，打开"色阶"对话框，其中的参数值设置如图 11-36 所示。

4. 设置完毕单击"确定"按钮，效果如图 11-37 所示。

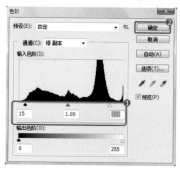

图 11-36 色阶对话框

图 11-37 色阶调整后

5. 将前景色设置为"黑色"❶，使用（画笔工具）❷在人物以外的位置拖动❸，效果如图 11-38 所示。

6. 再将前景色设置为"白色"❹，使用（画笔工具）❺在人物上拖动❻（切忌不要在透明的位置上涂抹），效果如图 11-39 所示。

图 11-38 编辑通道          图 11-39 编辑通道

7. 按住【Ctrl】键单击"绿副本"通道❶，调出图像的选区❷，如图 11-40 所示。

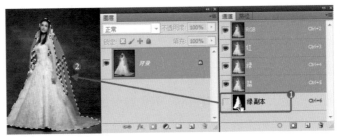

图 11-40 调出选区

8. 按【Ctrl+C】快捷键复制选区内的图像，再在菜单中执行"文件 > 打开"命令或按【Ctrl+O】快捷键，打开随书附带光盘中的"素材文件 / 第 11 章 / 婚纱背景 .jpg"素材，如图 11-41 所示。

图 11-41 素材

9. 素材打开后，按【Ctrl+V】快捷键粘贴复制的内容，按【Ctrl+T】

快捷键调出变换框，拖动控制点将图像进行适合的缩放，效果如图 11-42 所示。

图 11-42 粘贴

10. 调整完毕单击【Enter】键，此时发现透明的婚纱部分颜色教暗，下面就对其进行调整，复制"图层 1 得"到"图层 1 副本❶"，按住【Ctrl】键点击图层 1 副本的缩略图❷调出选区❸，效果如图 11-43 所示。

图 11-43 调出选区

11. 按【Ctrl+Shift+I】快捷键将选区反选，单击"添加图层蒙版"按钮❶，为图像添加选区蒙版❷，设置"混合模式"为"滤色"❸，将图像中的透明婚纱加亮，效果如图 11-44 所示。

图 11-44 添加蒙版并设置混合模式

12. 至此本例"通过通道抠出半透明婚纱"制作完毕，效果如图 11-45 所示。

图 11-45 最终效果

## 11.7 习题与练习

### 习题

1. Photoshop 中存在下面哪几种不同类型的通道？

　　A. 颜色信息通道　　　　　　　　B. 专色通道

　　C. Alpha 通道　　　　　　　　　D. 蒙版通道

2. 向根据 Alpha 通道创建的蒙版中添加区域，用下面哪个颜色在绘制时更加明显？

　　A. 黑色　　　　B. 白色　　　　C. 灰色　　　　D. 透明色

3. 图像中的默认颜色通道数量取决于图像的颜色模式，如一个 RGB 图像至少存在几个颜色通道？

　　A. 1　　　　　B. 2　　　　　C. 3　　　　　D. 4

4. 在图像中创建选区后，单击"通道"调板中的按钮 ◉，可以创建一个什么通道？

A. 专色　　　　B. Alpha　　　　C. 选区　　　　D. 蒙版

**练习**

1. 使用"应用图像"命令制作合成图像效果。

**温馨提示** 操作过程请参考随书视频。

2. 使用"计算"命令调出选区。

**温馨提示** 操作过程请参考随书视频。

3. 使用"自动对齐图层"命令制作全景照片，如图 11-46 所示。

（1）　（2）　（3）　（4）

图 11-46 使用"自动对齐图层"命令制作全景照片

**温馨提示** 操作过程请参考随书视频。

# 第12章

# 使用滤镜对图像进行绚丽处理

本章重点：

⊙ 按照滤镜特点制作相应实例

本章主要介绍 Photoshop 软件关于滤镜方面的应用与操作，Photoshop 滤镜基本可以分为两个部分：内置滤镜（也就是 Photoshop 自带的滤镜）和外挂滤镜（也就是第三方滤镜）。内置滤镜指的是安装 Photoshop 时系统自带的滤镜形式，外挂滤镜是第三方生产的滤镜，应用内置或外挂滤镜可以为设计带来更加绚丽的效果，滤镜使用起来非常简单，不同的滤镜有相应的对话框，在对话框中设置参数后，单击"确定"按钮即可应用滤镜效果，本章就为大家精心准备了几个上机实战效果，让大家了解滤镜的神奇所在。

# 12.1

# 使用消失点滤镜修复透视图像中的杂物

使用"消失点"滤镜命令中的工具可以在创建的图像选区内进行克隆、喷绘、粘贴图像等操作。所做的操作会自动应用透视原理，按照透视的比例和角度自动计算，自动适应对图像的修改，大大节约了我们精确设计和制作多面立体效果所需的时间。消失点命令还可以将图像依附到三维图像上，系统会自动计算图像的各个面的透视程度。下面就使用"消失点"滤镜清除透视图像中的杂物，具体操作如下。

**操作步骤：**

1. 执行菜单中"文件 > 打开"命令或按【Ctrl+O】快捷键，打开随书附带光盘中的"素材文件 / 第 12 章 / 透视杂物 .jpg"素材，如图 12-1 所示。从照片中我们发现照片的右下角出现了一个纸杯如图 12-2 所示。本操作就是将多出的这个纸杯进行修除。

图 12-1 素材

图 12-2 图像多出的杂物

2. 执行菜单"滤镜 > 消失点"命令，打开"消失点"对话框，使用 ⚌（创建平面工具）❶，在透视地面上单击❷、❸、❹、❺，创建平面，如图 12-3 所示。

图 12-3 创建平面

3. 平面创建完毕后，使用"消失点"对话框中的▢▢（选框工具）**6**，在图像中杂物处创建透视选区**7**，如图 12-4 所示。

图 12-4 创建透视选区

4. 按住【Ctrl】键向纹理相近的透视处拖动，修复透视图像，如图 12-5 所示。

按住【Ctrl】键向纹理相近的透视处拖动

图 12-5 修复

5. 设置完毕单击"确定"按钮，完成本次操作，效果如图 12-6 所示。

图 12-6 最终效果

**知识拓展：**

在"消失点"对话框中创建平面后，使用 ![图章工具] （图章工具），也可以快速将透视图像进行修复，使用方法与工具箱中的 ![仿制图章工具] （仿制图章工具）相同，修复效果如图 12-7 所示。

按住 Alt 键
单击取样

修复

图 12-7 修复透视图像

### 操作延伸：

执行菜单中的"滤镜 > 消失点"命令，即可打开如图 12-8 所示的"消失点"对话框。

工具属性部分

工具部

预览部分

显示大小

图 12-8 "消失点"对话框

其中的各项含义如下（重复或大致相同的选项设置就不做介绍了）。

### 工具部分：

◉ （编辑平面工具）：使用该工具可以对创建的平面进行选择、

编辑、移动和调整大小，选择 后，在对话框中的工具属性区将会出现"网格大小"和"角"两个选项，如图12-9所示。

网格大小: 100 ▾　　角度: 0 ▾

图 12-9 属性栏

- 网格大小：用来控制透视平面中网格的密度。数值越小，网格越多。

- 角：在透视平面边缘上按住【Ctrl】键向外拖动，此时会产生另一个与之配套的透视平面，在"角"对应的文本框中输入数值可以控制平面之间的角度。

- ![] 创建平面工具：使用该工具可以在预览编辑区的图像中单击创建平面的 4 个点，节点之间会自动连接成透视平面，在透视平面边缘上按住【Ctrl】键向外拖动，此时会产生另一个与之配套的透视平面。

((( ● 温馨提示 使用 ![]（创建平面工具）创建平面时和使用 ![]（编辑平面工具）编辑平面时，如果在创建或编辑的过程中节点连线成为"红色"或者"黄色"，此时的平面将是无效平面。

- ![] 选框工具：在平面内拖动可以创建选区，按【Alt】键拖动选区可以将选区内的图像复制到其他位置，复制的图像会自动生成透视效果；按【Ctrl】键拖动选区可以将选区停留的图像复制到创建的选区内，选择 ![]（选框工具）后，对话框中的工具属性区将会出现"羽化"、"不透明度"、"修复"和"移动模式" 4 个选项，如图 12-10 所示。

羽化: 1 ▾　不透明度: 100 ▾　修复: 关 ▾　移动模式: 目标 ▾

图 12-10 属性栏

- 羽化：设置选区边缘的平滑程度。

- 不透明度：设置复制区域的不透明度。
- 修复：用来设置复制后的混合处理。
- 移动模式：设置移动选框复制的模式。

◉ 图章工具：与"工具箱"中的（仿制图章工具）用法类似，按住 Alt 键在平面内取样，松开键盘，移动鼠标到需要覆盖的地方，然后按下鼠标拖动即可复制，复制的图像会自动调整所在位置的透视效果。选择（图章工具）后，对话框中的工具属性区将会出现"直径"、"硬度"、"不透明度"、"修复"和"对齐"5 个选项，如图 12-11 所示。

图 12-11 属性栏

- 直径：设置图章工具的画笔大小。
- 硬度：设置图章工具画笔边缘的柔和程度。
- 不透明度：设置图章工具仿制区域的不透明度。
- 修复：用来设置复制后的混合处理。
- 对齐：勾选该复选框后，复制的区域将会与目标选取点处于同一直线，不勾选该复选框，可以在不同位置复制多个目标点，复制的对象会自动调整透视效果。

◉ 画笔工具：使用该工具可以在图像内绘制选定颜色的画笔，在创建的平面内绘制的画笔会自动调整透视效果，选择（画笔工具）后，对话框中的工具属性区将会出现"直径"、"硬度"、"不透明度"、"修复"和"画笔颜色"5 个选项，如图 12-12 所示。

图 12-12 属性栏

- 画笔颜色：单击后面的颜色图标可以打开"拾色器"对话框，在对话框中可以自行设置画笔颜色。

- ⊙ ▦变换工具：可以对选区复制的图像进行调整变换，如图 12-13 所示。还可以变换复制到"消失点"对话框中的其他图像，如图 12-14 所示。使用▦（变换工具）可以直接将复制到"消失点"对话框中的图像拖动到多维平面内，并可以对其进行移动和变换，如图 12-15 所示.，选择▦（变换工具）后，对话框中的工具属性区将会出现"水平翻转"和"垂直翻转"两个选项，如图 12-16 所示。

图 12-13 变换

图 12-14 变换复制的图像

图 12-15 变换多维图像

☐水平翻转　　☐垂直翻转
图 12-16 属性栏

- ● 水平翻转：勾选该复选框，可以将变换的图像水平翻转。
- ● 垂直翻转：勾选该复选框，可以将变换的图像垂直翻转。
- ⊙ ✎吸管工具：使用该工具在图像上单击，选取的颜色可作为画笔的颜色。
- ⊙ ◯缩放工具：用来缩放预览区的视图，在预览区内单击会将图像放大，按住【Alt】键单击鼠标会将图像缩小。
- ⊙ ✋抓手工具：当图像放大到超出预览框时，使用抓手工具可以移动图像察看局部。

### 工具属性部分：

选择某种工具后，在此处会显示该工具的属性设置。

### 预览部分：

此处用来显示原图像的预览区域，也是编辑区域。

**显示比例部分：**

此处用来显示预览区图像的缩放比例。

# 使用液化滤镜对人物进行塑身

使用"液化"滤镜命令可以将图像产生液体流动的效果，从而创建出局部推拉、扭曲、放大、缩小、旋转等特殊效果。下面就使用"液化"滤镜对照片中的人物进行塑身，具体操作如下。

**操作步骤：**

1. 执行菜单中"文件 > 打开"命令或按【Ctrl+O】快捷键，打开随书附带光盘中的"素材文件 / 第 12 章 / 瘦身人物 .jpg"素材，如图 12-17 所示。

2. 下面我们先对模特腹部的赘肉进行修整。使用 （钢笔工具）❶，腹部按照轮廓创建路径❷，如图 12-18 所示。

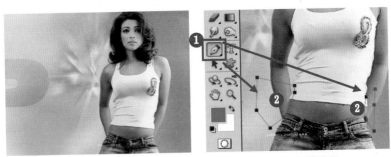

图 12-17 素材　　　　　图 12-18 创建路径

3. 按【Ctrl+Enter】快捷键将路径转换成选区，如图 12-19 所示。

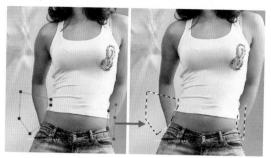

图 12-19 转换成选区

4. 执行菜单栏中"滤镜 > 液化"命令，打开"液化"对话框，选择 ⚡（向前变形工具）❶，在"工具选项"部分设置参数❷，在图像中对腹部进行瘦身❸，如图 12-20 所示。

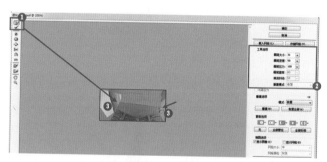

图 12-20 瘦身

5. 设置完毕单击"确定"按钮，肚子边缘制作完毕，如图12-21所示。

图 12-21 腹部瘦身

6. 按【Ctrl+D】快捷键去掉选区,下面对人物的胳膊、脸型进行塑行,执行菜单中"滤镜＞液化"命令,打开"液化"对话框,使用 (向前变形工具)在面部和胳膊应塑形的位置进行拖动,再使用 (褶皱工具)对肚皮出进行瘦身,如图 12-22 所示。

图 12-22 塑身

7. 设置完毕单击"确定"按钮,最终效果如图 12-23 所示。

图 12-23 最终效果

**操作延伸:**

执行菜单栏中"滤镜＞液化"命令,即可打开如图 12-24 所示的"液化"对话框。

图 12-24 "液化"对话框

其中的各项含义如下（重复或大致相同的选项设置就不做介绍了）。

◉ 工具箱：用来存放液化处理图像的工具。

- （向前变形工具）：使用该工具在图像上拖动，会使图像向拖动方向产生弯曲变形效果，如图 12-25 所示。原图以"液化"对话框中的预览图像为准。

图 12-25 向前推动

- （重建工具）：使用该工具在图像上已发生变形的区域单击或拖动，可以使已变形图像恢复为原始状态，如图 12-26 所示。

第12章 使用滤镜对图像进行绚丽处理

图 12-26 重建

- （顺时针旋转扭曲工具）：使用该工具在图像上按住鼠标时，可以使图像中的像素顺时针旋转，如图 12-27 所示。使用该工具在图像上按住鼠标时按住【Alt】键，可以使图像中的像素逆时针旋转，如图 12-28 所示。

图 12-27 顺时针

图 12-28 逆时针

- （褶皱工具）：在图像上单击或拖动时，会使图像中的像素向画笔区域的中心移动，使图像产生收缩效果，如图 12-29 所示。

图 12-29 收缩

- ⟳（膨胀工具）：在图像上单击或拖动时，会使图像中的像素从画笔区域的中心向画笔边缘移动，使图像产生膨胀效果，该工具产生的效果正好与 ⟳（褶皱工具）产生的效果相反，如图 12-30 所示。

图 12-30　膨胀

- ◂▸（左推工具）：在图像上拖动时，图像中的像素会以相对于拖动方向左垂直的方向在画笔区域内移动，使其产生挤压效果，如图 12-31 所示；按住【Alt】键拖动鼠标时，图像中的像素会以相对于拖动方向右垂直的方向在画笔区域内移动，使其产生挤压效果，如图 12-32 所示。

图 12-31　左推

图 12-32　右推

- ⟳（镜像工具）：在图像上拖动时，图像中的像素会以相对于拖动方向右垂直的方向上产生镜像效果，如图 12-33 所示。按住【Alt】键拖动鼠标时，图像中的像素会以相对于拖动方向左垂直的方向上产生镜像效果，如图 12-34 所示。

图 12-33 右镜像

图 12-34 左镜像

- （湍流工具）：在图像上拖动时，图像中的像素会平滑地混和在一起，使用该工具可以十分轻松地在图像上产生与火焰、波浪或烟雾相似的效果，如图 12-35 所示。

图 12-35 湍流

- （冻结蒙版工具）：在图像上拖动时，图像中的画笔经过的区域会被冻结，冻结后的区域不会受到变形的影响，如图 12-36 所示图像的红色区域就是预览区中的被冻结部分。使用（湍流工具）在图像上拖动后经过冻结的区域图像不会被变形，如图 12-37 所示。

图 12-36 冻结

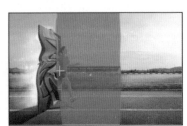

图 12-37 湍流液化

- （解冻蒙版工具）：在图像上已经冻结的区域上拖动时，画笔经过的地方将会被解冻，如图 12-38 所示。

图 12-38 解冻

- （缩放工具）：用来缩放预览区的视图，在预览区内单击会将图像放大，按住【Alt】键单击鼠标会将图像缩小。

- （抓手工具）：当图像放大到超出预览框时，使用（抓手工具）可以移动图像查看局部。

温馨提示 "液化"对话框中除了选择（缩放工具）外，按住【Ctrl】键在预览区单击鼠标都会将图像变大。

◉ 工具选项：用来设置选择相应工具时的设置参数。

- 画笔大小：用来控制选择工具的画笔宽度。
- 画笔密度：用来控制画笔与图像像素的接触范围。数值越大，范围越广。
- 画笔压力：用来控制画笔的涂抹力度。压力为 0 时，将不会对图像产生影响。
- 画笔速率：用来控制重建、膨胀等工具在图像中单击或拖动时的扭曲速度。
- 湍流抖动：用来控制湍流工具混合像素时的紧密程度。
- 重建模式：用来控制重建工具在重建图像时的模式。
- 光笔压力：在计算机连接数位板时，该选项会被激活，勾选该复选框后，可以通过绘制时使用的压力大小来控制工具绘制效果。

◉ 重建选项：用来设置恢复图像的设置参数。

- 模式：在下拉菜单中可以选择重建的模式。包括：恢复、刚性、生硬、平滑和松散五项。

- 重建：单击此按钮可以完成一次重建效果，单击多次可完成多次重建效果。

- 恢复全部：单击此按钮可以去掉图像的所有液化效果，使其恢复到初始状态。即使冻结区域存在液化效果，单击此按钮同样可以将其恢复到初始状态。

◉ 蒙版选项：用来设置与图像中存在的蒙版、通道等效果的混合选项。

- （替换选区）：显示原图像中的选区、蒙版或透明度。

- （添加到选区）：显示原图像中的蒙版、可以将冻结区域添加到选区蒙版。

- （从选区中减去）：从冻结区域减去选区或通道的区域。

- （与选区交叉）：只有冻结区域与选区或通道交叉的部分可用。

- （反相选区）：将冻结区域反选。

- 无：单击此按钮，可以将图像所有冻结区域解冻。

- 全部蒙版：单击此按钮，可以将整个图像冻结。

- 全部反相：单击此按钮，可以将冻结区域与非冻结区域调转。

◉ 视图选项：用来设置预览区域的显示状态。

- 显示图像：勾选此复选框，可以在预览区中看到图像。

- 显示网格：勾选此复选框，可以在预览区中看到网格，此时"网格大小"和"网格颜色"被激活，从中可以设置网格大小和颜色。

- 显示蒙版：勾选此复选框，可以在预览区中看到图像中冻结区域被覆盖。

- 蒙版颜色：设置冻结区域的颜色。

- 显示背景：勾选此复选框，可以设置在预览区中看到"图层"调板中的其他图层。

- 使用：在下拉菜单中可以选择在预览区中显示的图层。
- 模式：设置其他显示图层与当前预览区中图像的层叠模式，如前面、后面和混合等。
- 不透明度：设置其他图层与当前预览区中图像之间的不透明度。
◉ 预览区域：用来显示编辑过程的窗口。

如图 12-39 所示的效果为应用"液化"前后的效果对比图。

图 12-39 液化对比图

# 12.3 制作特效纹理

1. 执行菜单中"文件 > 新建"命令，打开"新建"对话框，设置参数如图 12-40 所示。

图 12-40 新建对话框

2. 单击"确定"按钮，新建一个图像文档，按键盘上的【D】键，将工具箱中的前景色设置为黑色，背景色设置为白色，执行菜单中"滤镜 > 渲染 > 云彩"命令，图像效果如图 12-41 所示。

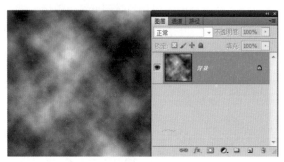

图 12-41 云彩滤镜

3. 执行菜单中"滤镜 > 艺术效果 > 调色刀"命令，打开"调色刀"对话框，设置"描边"大小为 41，"描边细节"为 3，"软化度"为 0，如图 12-42 所示。

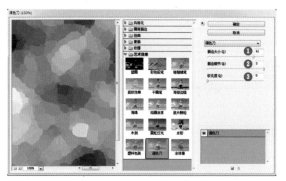

图 12-42 调色刀对话框

技巧 在"调色刀"对话框中，设置各项参数后，应用"调色刀"滤镜后的图像与前景色和背景色无关。

4. 单击"确定"按钮，完成"调色刀"对话框的设置。执行菜单中"滤镜 > 艺术效果 > 粗糙蜡笔"命令，打开"粗糙蜡笔"对话框，设置"描边长度"为 2，"描边细节"为 7，"纹理"设置为"画布"，"缩放"设置为 100%，"凸现"设置为 20，"光照"设置为"下"，如图 12-43 所示。

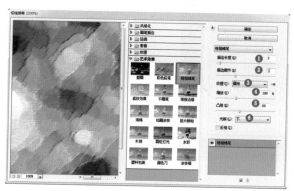

图 12-43 粗糙蜡笔对话框

5. 单击"确定"按钮，完成"粗糙蜡笔"对话框的设置。执行菜单中"滤镜 > 风格化 > 照亮边缘"命令，打开"照亮边缘"对话框，设置"边缘宽度"为 1，"边缘亮度"为 11，"平滑度"为 10，如图 12-44 所示。

图 12-44 照亮边缘对话框

6. 单击"确定"按钮，完成"照亮边缘"对话框的设置。执行菜单中"滤镜>扭曲>扩散亮光"命令，打开"扩散亮光"对话框，设置"粒度"为0，"发光量"为14，"清除数量"为6，如图 12-45 所示。

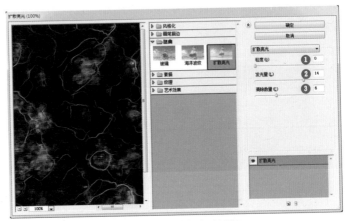

图 12-45 扩散亮光对话框

7. 单击"确定"按钮，完成"扩散亮光"对话框的设置。执行菜单中"滤镜＞艺术效果＞塑料包装"菜单命令，打开"塑料包装"对话框，设置"高光强度"为6，"细节"为1，"平滑度"为6，如图 12-46 所示。

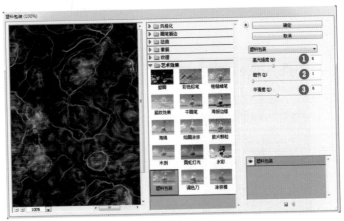

图 12-46 塑料包装对话框

8. 单击"确定"按钮，完成"塑料包装"对话框的设置，图像效果如图 12-47 所示。

9. 单击"图层"面板上的"创建新的填充或调整图层"按钮 ，在打开菜单中选择"色相 / 饱和度"选项，打开"色相 > 饱和度调整"调板，其中的参数值设置如图 12-48 所示。

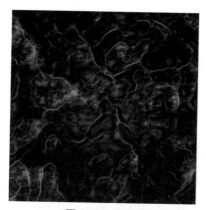

图 12-47 应用滤镜

图 12-48 调整调板

10. 调整完毕后，本操作制作完成，效果如图 12-49 所示。

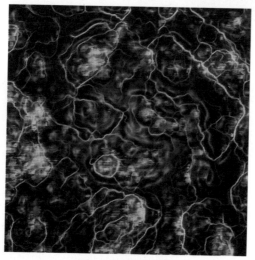

图 12-49 最终效果

# 12.4

# 制作发光背景

1. 执行菜单中"文件 > 新建"命令，打开"新建"对话框，设置宽度为"600 像素"、高度为"450 像素"、分辨率为"72 像素 / 英寸"，单击"确定"按钮，新建一个图像文档，按键盘上的【D】键，将工具箱中的前景色设置为黑色，背景色设置为白色，执行菜单中"滤镜 > 渲染 > 云彩"命令，图像效果如图 12-50 所示。

图 12-50 云彩滤镜

2. 执行菜单中"滤镜 > 渲染 > 分层云彩"命令，效果如图 12-51 所示。

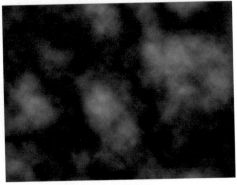

图 12-51 分成云彩

3. 执行菜单中"滤镜>像素化>铜板雕刻"命令，打开"铜板雕刻"对话框，在"类型"下拉菜单中选择"中等点"选项，如图 12-52 所示。

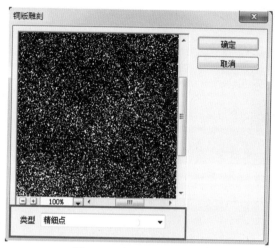

图 12-52 铜版雕刻对话框

4. 单击"确定"按钮，完成"铜板雕刻"对话框的设置，图像效果如图 12-53 所示。

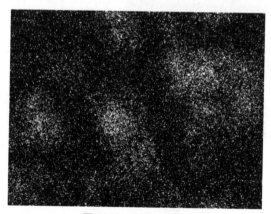

图 12-53 应用滤镜后

5. 按【Ctrl+J】快捷键复制"背景"图层得到"图层 1"图层，如图 12-54 所示。

6. 执行菜单中"滤镜 > 模糊 > 径向模糊"菜单命令，打开"径向模糊"对话框，设置如图 12-55 所示。

图 12-54 复制

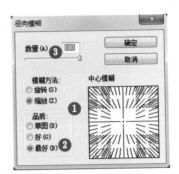

图 12-55 径向模糊对话框

7. 单击"确定"按钮，完成"径向模糊"对话框的设置，图像效果如图 12-56 所示。

8. 选中"背景"图层，执行菜单中"滤镜 > 模糊 > 径向模糊"菜单命令，打开"径向模糊"对话框，设置如图 12-57 所示。

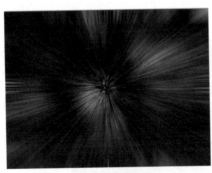

图 12-56 模糊后

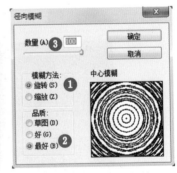

图 12-57 径向模糊对话框

9. 单击"确定"按钮，完成"径向模糊"对话框的设置。然后选中"图层 1"图层，设置该图层的"混合模式"为"变亮"，图像效果 12-58 所示。

10. 单击"图层"面板上的"创建新的填充或调整图层"按钮 ，在打开菜单中选择"色相 / 饱和度"选项，打开"色相 / 饱和度调整"调板，其中的参数值设置如图 12-59 所示。

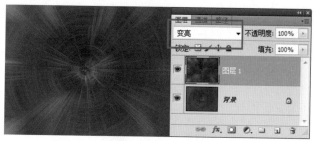

图 12-58 混合模式

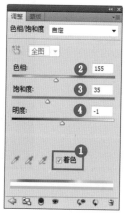

图 12-59 调整调板

11. 调整完毕后，本操作制作完成，效果如图 12-60 所示。调成其他色调后的效果如图 12-61 所示。

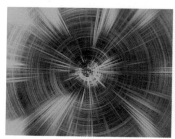

图 12-60 最终效果图

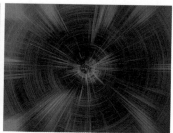

图 12-61 其他色调

## 添加纹身

通过"置换"滤镜可以制作出非常逼真的纹身效果，具体操作请查看随书附带光盘中的视频，添加纹身后的效果如图 12-62 所示。

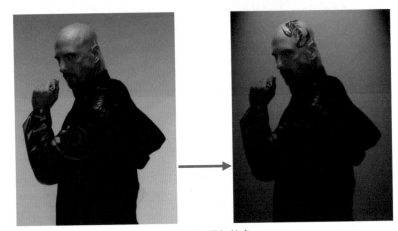

图 12-62  添加纹身

## 发光字

通过"极坐标"和"风"滤镜可以制作出非常逼真的发光效果，具体操作请查看随书附带光盘中的视频，发光字效果如图 12-63 所示。

图 12-63 发光字

## 习题与练习

### 习题

1. Photoshop 中哪个滤镜能够将图像的局部进行放大?

    A. 消失点        B. 像素化        C. 液化        D. 风格化

2. 以下哪个滤镜可以对图像进行柔化处理?

    A. 素描        B. 像素化        C. 模糊        D. 渲染

3. 哪个滤镜可以在空白图层中创建效果?

    A. 云彩        B. 分成云彩        C. 添加杂色    D. 扭曲

4. 下面哪个滤镜可以在图像中添加杂点?

    A. 模糊        B. 添加杂色    C. 铜版雕刻    D. 喷溅

5. 下面哪个滤镜可以模拟强光照射在摄像机上所产生的眩光效果?

    A. 纹理        B. 添加杂色    C. 光照效果    D. 镜头光晕

# 第13章

## 自动化与网络

本章重点：

⊙ 动作调板

⊙ 自动化功能的使用

⊙ 优化网络图像与动画

在 Photoshop 软件中，通过软件提供的自动化命令可以十分轻松地完成大量的图像处理过程，通过自定义的动作可以完成制作批量的个性效果图像。

通过对图像的优化处理可以将其直接传输到网络上，并建立链接，使图像不再只是单独的一个文件。

# 13.1

## 动作调板

在"动作"调板中创建的动作可以应用于其他与之模式相同的文件中，如此一来便为大家节省了大量的时间，执行菜单中的"窗口>动作"命令，即可打开"动作"调板，该调板的存在形式以标准模式和按钮模式两种形式存在，如图 13-1 所示。

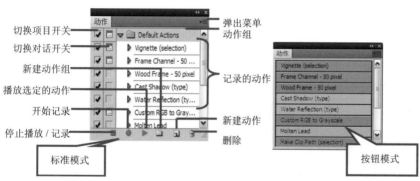

图 13-1 "动作"调板

其中的各项含义如下（重复或大致相同的选项设置就不做介绍了）。

- 切换项目开关：当调板中出现该图标时，表示该图标对应的动作组、动作或命令可以使用；当调板中该图标处于隐藏状态时，表示该图标对应的动作组、动作或命令不可以使用。

- 切换对话开关：当调板中出现该图标时，表示该动作执行到该步时会暂停，并打开相应的对话框，设置参数后，可以继续执行以后的动作。

> **温馨提示** 当动作前面的切换对话开关图标显示为红色，则表示该动作中有部分的命令设置了暂停。

◉ 新建动作组：创建用于存放动作的组。

◉ 播放选定的动作：单击此按钮可以执行对应的动作命令。

◉ 开始记录：录制动作的创建过程。

◉ 停止播放 / 记录：单击完成记录过程。

**温馨提示** "停止播放 / 记录"按钮只有在开始录制后才会被激活。

◉ 弹出菜单：单击此按钮打开"动作"调板对应的命令菜单，如图 13-2 所示。

图 13-2 弹出菜单

◉ 动作组：存放多个动作的文件夹。

◉ 记录的动作：包含一系列命令的集合。

◉ 新建动作：单击该按钮会创建一个新动作。

◉ 删除：可以将当前动作删除。

◉ 按钮模式：选择命令直接单击即可执行。

> **技巧** 在"动作"调板中有些鼠标移动是不能被记录的。例如它不能记录使用画笔或铅笔工具等描绘的动作。但是"动作"调板可以记录文字工具输入的内容、形状工具绘制的图形和油漆桶进行的填充等过程。

## 13.1.1 创建动作

在"动作"调板中可以执行定义一些动作到调板中以备后用,创建方法如下。

**操作步骤:**

1. 执行菜单中的"文件 > 打开"命令或按【Ctrl+O】快捷键,打开随书附带光盘中的"素材文件 / 第 13 章 / 花 .jpg"素材,如图 13-3 所示。

2. 执行菜单中的"窗口 > 动作"命令,打开"动作"调板,单击"新建动作"按钮 ❶,打开"新建动作"对话框,设置"名称"为"拼缀图"❷,颜色为"红色"❸,如图 13-4 所示。

图 13-3 素材

图 13-4 "新建动作"对话框

3. 设置完毕单击"记录"按钮,执行菜单中的"滤镜 > 风格化 > 拼缀图"命令,打开"拼缀图"对话框,其中的参数值❹设置如图 13-5 所示。

4. 设置完毕单击"确定"按钮,再单击"停止播放 / 记录"按钮 ❺,此时即可完成动作的创建,效果如图 13-6 所示。

图 13-5 "拼缀图"对话框

图 13-6 "亮度/对比度"调整调板

5. 此时在"动作"调板中就可以看见创建的"拼缀图"动作❻，转换到"按钮模式"会发现"拼缀图"动作以红色按钮形式出现在调板中❼，如图 13-7 所示。

图 13-7 动作调板

### 13.1.2 应用动作

在"动作"调板中创建动作后，可以将其应用其他文档中，应用方法如下。

**操作步骤：**

1. 执行菜单中的"文件 > 打开"命令或按【Ctrl+O】快捷键，打开随书附带光盘中的"素材文件 / 第 13 章 / 陈列柜 .jpg"素材，如图 13-8 所示。

2. 在"动作"调板中选择之前创建的"拼缀图"动作，单击"播放选定的动作"按钮 ▶ ❶，如图 13-9 所示。

3. 此时就会看到"陈列柜"素材应用了"拼缀图"动作，效果如图 13-10 所示。

图 13-8 素材

图 13-9 播放选定的动作

图 13-10 应用动作后

# 13.2 自动化工具

Photoshop 软件提供的自动化命令可以十分轻松地完成大量的图像处理过程，从而减少工作时间，用于自动化的功能被软件结合在"文件 > 自动"菜单中。

## 13.2.1 批处理

在"批处理"对话框中可以根据选择的动作将"源"部分文件夹中的图像应用指定的动作，并将应用动作后的所有图像都存放到"目标"部分设置的文件夹中，执行菜单中的"文件 > 自动 > 批处理"命令，即可打开"批处理"对话框，如图 13-11 所示。

其中的各项含义如下（重复或大致相同的选项设置就不做介绍了）。

◎ 播放：用来设置播放的动作组和动作。

◎ 源：设置要进行批处理的源文件。

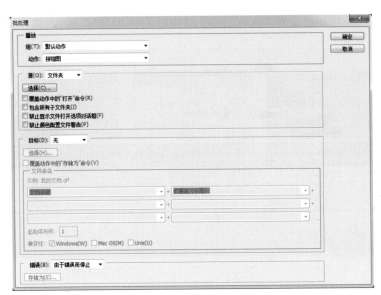

图 13-11 "批处理"对话框

- 源：可以在下拉列表中选择需要进行批处理的选项，包括文件夹、导入、打开的文件和 Bridge。
- 选择：用来选择需要进行批处理的文件夹。
- 覆盖动作中的"打开"命令：在进行批处理时会忽略动作中的"打开"命令。但是在动作中必须包含一个"打开"命令，否则源文件将不会打开。勾选该复选框后，会弹出如图 13-12 所示的警告对话框。

图 13-12 警告对话框

- 包含所有子文件夹：在执行"批处理"命令时，会自动对应用于选取文件夹中子文件夹中的所有图像。

- 禁止显示文件打开选项对话框：在执行"批处理"命令时，不打开文件选项对话框。
- 禁止颜色配置文件警告：在执行"批处理"命令时，可以阻止颜色配置信息的显示。

◉ 目标：设置将批处理后的的源文件存储的位置。

- 目标：可以在下拉列表中选择批处理后文件的保存位置选项。包括无、储存并关闭和文件夹。
- 选择：在"目标"选项中选择"文件夹"后，会激活该按钮，主要用来设置批处理后文件保存的文件夹。
- 覆盖动作中的"储存"命令：如果动作中包含"储存为"命令，勾选该复选框后，在进行批处理时，动作的"储存为"命令将引用批处理的文件，而不是动作中指定的文件名和位置。勾选该复选框后，会弹出如图 13-13 所示的警告对话框。

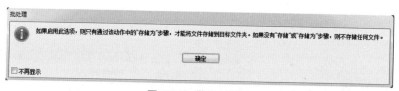

图 13-13 警告对话框

◉ 文件命名：在"目标"下拉列表中选择"文件夹"后可以在"文件命名"选项区域中的 6 个选项中设置文件的命名规范，还可以在其他的选项中指定文件的兼容性，包括 Windows、Mac OS 和 Unix。

◉ 错误选项：用来设置出现错误时的处理方法。

- 由于错误而停止：出现错误时会出现提示信息，并暂时停止操作。
- 将错误记录到文件：在出现错误时不会停止批处理的运行，但是系统会记录操作中出现的错误信息，单击下面的"储存为"按钮，可以选择错误信息储存的位置。

**上机实战** 应用批处理对整个文件夹中的文件应用"拼缀图"滤镜

本练习主要让大家了解"批处理"命令的使用方法。本练习中使用之前创建的"拼缀图"动作。

**操作步骤:**

1. 执行菜单中的"文件 > 自动 > 批处理"命令,打开"批处理"对话框,在"播放"部分,选择之前创建的"拼缀图"动作❶,在"源"下拉列表中选择"文件夹"❷,单击"选择"按钮❸,在弹出的"浏览文件夹"对话框中选"海报"文件夹❹,单击"确定"按钮❺,如图13-14 所示。

2. 在"目标"下拉列表中选择"文件夹"❶,单击"选择"按钮❷,在弹出的"浏览文件夹"对话框中选"执行拼缀图"文件夹❸,单击"确定"按钮❹,如图13-15 所示。

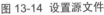

图 13-14 设置源文件

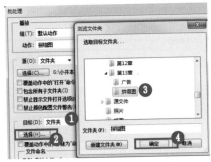

图 13-15 设置目标文件

3. 全都设置完毕后,单击"批处理"对话框中的"确定"按钮,即可将"海报"中的文件执行"拼缀图"滤镜并保存到"执行拼缀图"文件夹中。

## 13.2.2 创建快捷批处理

应用"创建快捷批处理"命令创建图标后，只要将要应用该命令的文件拖动到 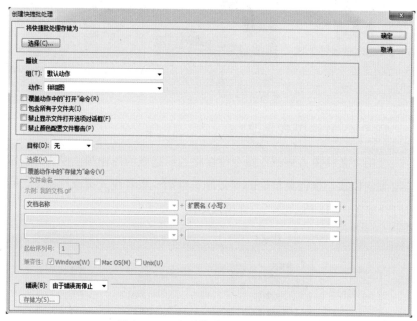图标上即可，执行菜单中的"文件 > 自动 > 创建快捷批处理"命令，即可打开"创建快捷批处理"对话框，如图 13-16 所示。

图 13-16 "创建快捷批处理"对话框

其中的各项含义如下（重复或大致相同的选项设置就不做介绍了）。

◉ 将快捷批处理储存于：用来设置将生成的"创建快捷批处理"图标储存的位置。

## 13.2.3 裁剪并修齐照片

使用"裁剪并修齐照片"命令，可以自动将在扫描仪中一次性扫描的多个图像文件，分成多个单独的图像文件，效果如图 13-17 所示。

Photoshop学习掌中宝教程

原图

修齐后

图 13-17 裁剪并修齐照片

### 13.2.4 条件模式更改

应用"条件模式更改"命令可以将当前选取的图像颜色模式转换成自定颜色模式。执行菜单中的"文件 > 自动 > 条件模式更改"命令，可以打开如图 13-18 所示的"条件模式更改"对话框。

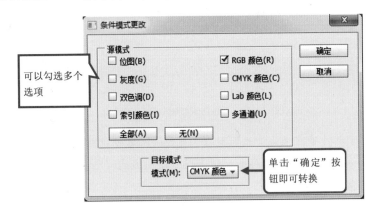

可以勾选多个选项

单击"确定"按钮即可转换

图 13-18 "条件模式更改"对话框

其中的各项含义如下（重复或大致相同的选项设置就不做介绍了）。

◉ 源模式：用来设置将要转换的颜色模式。

◉ 目标模式：转换后的颜色模式。

## 13.2.5 Potomerge

应用 Potomerge 命令可以将局部图像自动合成为全景照片，该功能与"自动对齐图层"命令相同。执行菜单中"文件 > 自动 >Potomerge"命令，可以打开如图 13-19 所示的"Potomerge"对话框。设置相应的转换"版面"，选择要转换的文件后，单击"确定"按钮，就可以转换选择的文件为全景图片。

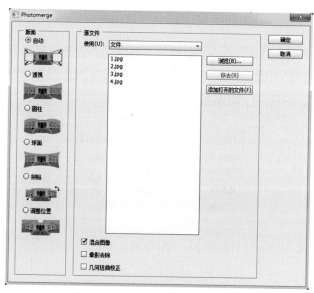

图 13-19 "Photomerge"对话框

其中的各项含义如下（重复或大致相同的选项设置就不做介绍了）。

◉ 版面：用来设置转换为前景图片时的模式。

◉ 使用：在下拉菜单中可以选择"文件和文件夹"。选择"文件"时，可以直接将选择的两个以上的文件制作合并图像；选择"文件夹"时，可以直接将选择的文件夹中的文件制作成合并图片。

◉ 混合图像：勾选此复选框后，应用"Photomerge"命令后会直接套用混合图像蒙版。

◉ 晕影去除：勾选该复选框，可以校正摄影时镜头中的晕影效果。

⊙ 几何扭曲校正：勾选该复选框，可以校正摄影时镜头中的几何扭曲效果。

⊙ 浏览：用来选择合成全景图像的文件或文件夹。

⊙ 移除：单击此按钮可以删除列表中选择的文件。

⊙ 添加打开的文件：单击该按钮可以将软件中打开的文件直接添加到列表中。

### 13.2.6 限制图像

使用"限制图像"命令可以将当前图像在不改变分辨率的情况下改变高度与宽度。执行菜单中的"文件 > 自动 > 限制图像"命令，可以打开如图13-20所示的"限制图像"对话框。

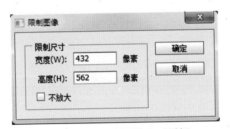

图 13-20 "限制图像"对话框

### 13.2.7 镜头校正

使用"自动"菜单中的"镜头校正"命令可以对多个图像进行校正。执行菜单中的"文件 > 自动 > 镜头校正"命令，可以打开如图13-21所示的"镜头校正"对话框。

其中的各项含义如下（与之前功能相似的选项这里就不多讲了）。

⊙ 源文件：用来选择进行批处理的文件。

　　• 使用：在下拉列表中选择文件或文件夹选项。

　　• 浏览：查找文件。

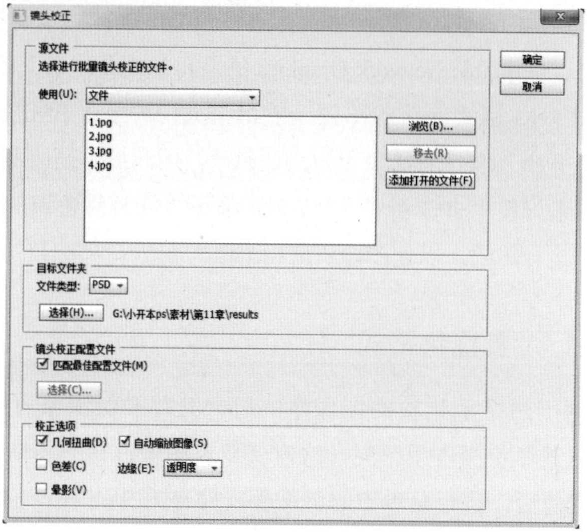

图 13-21 "镜头校正"对话框

- 移去：将选择的文件删除。
- 添加打开的文件：在 Photoshop 中打开的文件。
- 目标文件夹：用来设置要进行校正后储存的位置。
- 校正选项：用来设置对照片进行校正时的设置选项。

## 13.3 优化图像

在网络中当我们创建的图像非常大时，传输的速度会非常慢，这就要求我们在进行网页创建和利用网络传送图像时，要在保证一定质量、显示效果的同时尽可能降低图像文件的大小。当前常见的 Web 图像格式有 3

种：JPG 格式、GIF 格式、PNG 格式。JPG 与 GIF 格式大家已司空见惯，
而 PNG 格式（Portable Network Graphics 的缩写）则是一种新兴的 Web 图
像格式，以 PNG 格式保存的图像一般都很大，甚至比 BMP 格式还大一
些，这对于 Web 图像来说无疑是致命的杀手，因此很少被使用。对于连续
色调的图像最好使用 JPG 格式进行压缩；而对于不连续色调的图像最好使
用 GIF 格式进行压缩，以使图像质量和图像大小有一个最佳的平衡点。

### 13.3.1 设置优化格式

处理用于网络上传输的图像格式时，既要多保留原有图像的色彩
质量又要使其尽量少占用空间，这时就要对图像进行不同格式的优化设
置，打开图像后，执行菜单中的"文件 > 储存为 Web 和设备所用格式"
命令，即可打开如图 13-22 所示的"储存为 Web 和设备所用格式"对话
框。要为打开的图像进行整体优化设置，只要在"优化设置区域"中的
"设置优化格式"下拉列表中选择相应的格式后，再对其进行颜色和损
耗等设置，如图 13-23 ～图 13-25 所示的图像为分别优化为 GIF、JPG 和
PNG 格式时的设置选项。

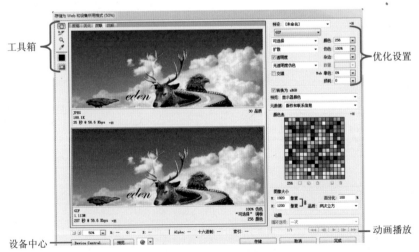

图 13-22 "储存为 Web 和设备所用格式"对话框

图 13-23 Gif 格式优化选项　图 13-24 JPEG 格式优化选项　图 13-25 PNG-8 格式优化选项

((( **温馨提示** 选择不同的格式后，可以在原稿与优化的图像大小中进行比较。

### 13.3.2 应用颜色表

如果将图像优化为 GIF 格式、PNG-8 格式和 WBMP 格式时，可以通过"储存为 Web 和设备所用格式"对话框中的"颜色表"部分对颜色进行进一步设置，如图 13-26 所示。

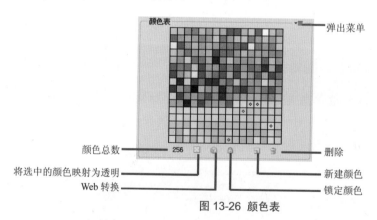

图 13-26 颜色表

其中的各项含义如下（与之前功能相似的选项这里就不多讲了）。

◉ 颜色总数：显示"颜色表"调板中颜色的总和。

◉ 将选中的颜色映射为透明：在"颜色表"调板中选择相应的颜色后，单击该按钮，可以将当前优化图像中的选取颜色转换成透明。

◉ Web 转换：可以将在"颜色表"调板中选取的颜色转换成 Web 安全色。

⦿ 颜色锁定：可以将在"颜色表"调板中选取的颜色锁定，被锁定的颜色样本在右下角会出现一个被锁定的方块图标，如图 13-27 所示。

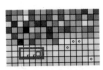

图 13-27 锁定颜色

**温馨提示** 将锁定的颜色样本选取，再单击"锁定颜色"按钮会将锁定的颜色样本解锁。

⦿ 新建颜色：单击该按钮可以将 🖋（吸管工具）吸取的颜色添加到"颜色表"调板中，新建的颜色样本会自动处于锁定状态。

⦿ 删除：在"颜色表"调板中选择颜色样本后，单击此按钮可以将选取的颜色样本删除，或者直接拖曳到删除按钮上将其删除。

### 13.3.3 图像大小

颜色设置完毕后还可以通过"储存为 Web 和设备所用格式"对话框中的"图像大小"部分对优化的图像进行进一步设置输出大小，如图 13-28 所示。

图 13-28 图像大小

其中的各项含义如下（与之前功能相似的选项这里就不多讲了）。

⦿ 新建长宽：用来设置修改图像的宽度和长度。

⦿ 百分比：设置缩放比例。

⦿ 品质：可以在下拉列表中选择一种插值方法，以便对图像重新取样。

# 13.4 设置网络图像

对处理的图像进行优化处理后，可以将其应用到网络上，如果在图片中添加的了切片可以对图像的切片区域进行进一步的优化设置，并在网络中进行连接和显示切片设置。

## 13.4.1 创建切片

创建切片可以将整体图片分成若干个小图片，每个小图片都可以被重新优化，创建切片的方法非常简单，只要使用 （切片工具）在打开的图像中按照颜色分布使用鼠标在其上面拖动即可创建切片，如图 13-29 所示。

在颜色分布相似的位置创建切片

图 13-29 创建切片

## 13.4.2 编辑切片

使用 （切片选择工具）选择"切片 5"，并在上面双击，打开"切片选项"对话框，其中的各项参数设置如图 13-30 所示。设置完毕单击"确定"按钮即可完成编辑。

图 13-30 "切片选项"对话框

### 13.4.3 连接到网络

**操作步骤：**

1. 设置完选择的切片后，执行菜单中的"文件 > 储存为 Web 和设备所用格式"命令，打开"储存为 Web 和设备所用格式"对话框，使用 （切片选择工具）选择不同切片后，可以在"优化设置区域"对选择的切片进行优化，将所有切片都设置为 JPG 格式❶，如图 13-31 所示。

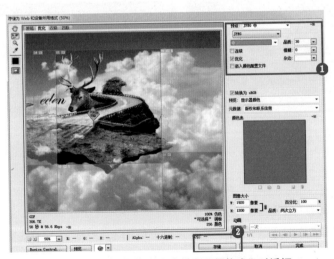

图 13-31 "储存为 Web 和设备所用格式"对话框

2. 设置完毕单击"储存"按钮❷, 打开"将优化结果储存为"对话框, 设置"保存类型"为"HTML 和图像"❸, 如图 13-32 所示。

图 13-32 "将优化结果储存为"对话框

3. 设置完毕单击"保存"按钮, 在储存的位置中找到保存的"天空之路 .html"文件, 打开后将鼠标移动到"切片 3"所在的位置上时, 可以看到鼠标指针下方❹和窗口左下角❺会出现该切片的预设信息, 如图 13-33 所示。

图 13-33 网页

4. 在"切片 5"的位置单击，就会自动跳转到"百度"的主页上，如图 13-34 所示。

图 13-34 "百度"主页

## 动画

在 Photoshop 中通过"动画"调板和"图层"调板的结合可以创建一些简单的动画效果，将动画设置为 GIF 格式时，可以直接将其导入到网页中，并以动画形式显示。

### 13.5.1 创建动画

1. 执行菜单中的"文件 > 打开"命令或按【Ctrl+O】快捷键，打开随书附带光盘中的"素材文件 / 第 13 章 / 鱼 .psd"素材，如图 13-35 所示。

2. 执行菜单中的"窗口 > 动画"命令，打开"动画"对话框，单击"复制所选帧"按钮 ❶，创建第二帧，在"图层"调板中隐藏图层 1 ❷，如图 13-36 所示。

图 13-35 素材

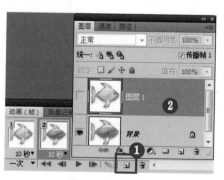

图 13-36 复制帧

3. 此时动画制作完成，效果如图 13-37 所示。

图 13-37 完成动画

## 13.5.2 设置过渡

过渡帧就是系统会自动在两个帧之间添加位置、不透明度或效果产生均匀变化的帧，设置过程如下。

1. 动画创建完成后，单击"动画"调板中的"过渡动画帧"按钮 **1**，如图 13-38 所示。

2. 此时系统会自动弹出如图 13-39 所示的"过渡"对话框。

图 13-38 选择"过渡动画帧"按帧

图 13-39 "过渡"对话框

其中的各项含义如下（重复或大致相同的选项设置就不做介绍了）。

◉ 过渡方式：用来选择当前帧与某一帧之间的过渡。

◉ 要添加的帧数：用来设置在两个帧之间要添加的过渡帧的数量。

◉ 图层：用来设置在"图层"调板中针对的图层。

◉ 参数：用来控制要改变帧的属性。

3. 设置完毕单击"确定"按钮，完成过渡设置，如图 13-40 所示。

图 13-40 过渡后

### 13.5.3 预览动画

动画过渡设置完成后，单击"动画"调板中的"播放动画"按钮 ▶
❶，就可以在文档窗口观看创建的动画效果。此时"播放动画"按钮 ▶
会变成"停止动画"按钮 ■，单击"停止动画"按钮 ■ ❷，可以停止
正在播放的动画。在对话框左下角的"选择循环选项" ❸ 中可以选择播
放的次数和执行设置播放次数，如图 13-41 所示。

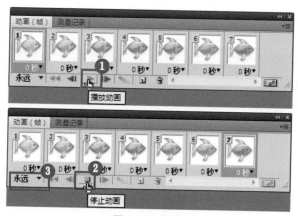

图 13-41 播放

> **技巧** 选择相应的帧后，直接单击"动画"调板中的"删除"
> 按钮，可以将其删除，或者直接拖动选择的帧到"删除"按钮
> 上将其删除；在"图层"调板中删除图层可以将"动画"中的
> 效果清除。

### 13.5.4 设置动画帧

在选择的帧上单击鼠标右键，在弹出的菜单中可以选择相应的处理方法。选择"不处理"表示上一帧透过当前帧的透明区域时可以看到，此时在帧的下方会出现一个 图标；选择"处理"表示上一帧不会透过当前帧的透明区域，此时在帧的下方会出现一个 图标，如图 13-42 所示；选择"自动"表示上一帧不会透过当前帧的透明区域。在帧的下方单击倒三角形按钮可以弹出下拉列表，在其中可以选择该帧停留的时间，如图 13-43 所示。

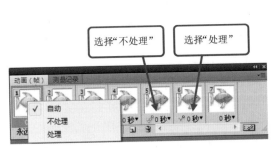

图 13-42 设置处理

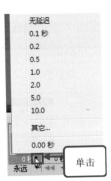

图 13-43 设置延迟

### 13.5.5 保存动画

创建动画后，要储存动画，GIF 格式是用于储存动画的最方便格式。执行菜单中的"文件 > 储存为 Web 和设备所用格式"命令，打开"储存为 Web 和设备所用格式"对话框，在"优化文件格式"下拉菜单中选择 GIF 格式❶，如图 13-44 所示。设置完毕单击"储存"按钮❷，打开"将优化结果储存为"对话框，设置"保存类型"为"仅限图像"（GIF）❸，如图 13-45 所示。单击"保存"按钮❹即可储存动画。

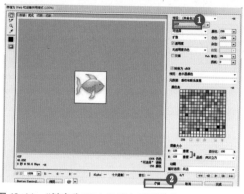
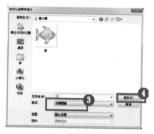

图 13-44 "储存为 Web 和设备所用格式"对话框　图 13-45 "将优化结果储存为"对话框

# 习题与练习

## 习题

1. Photoshop 中哪个格式可以储存动画？

    A．Gif　　　　B.Jpg　　　　C. Tif　　　　D. Png

# 第2部分

## Photoshop版本特色功能

# 第14章

## 最新版本特色功能

本章重点：

⊙ 掌握 CS5 版本新增功能

Photoshop 软件每次升级都会增加一些新的功能，新功能可以更加方便的编辑图像。

# 14.1 内容识别填充

在 Photoshop CS5 中"填充"命令，在对话框中新增了"内容识别"选项，此选项可以使选区以外的像素对选区内的图像进行融合，从而对图像进行修复，如图 14-1 所示。

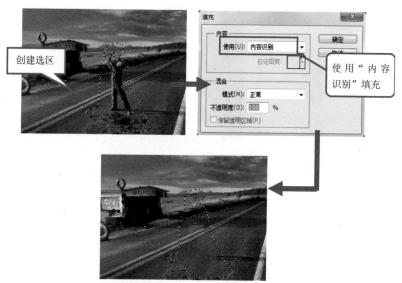

图 14-1　内容识别填充

## 14.2

## 选择复杂图像易如反掌

在 Photoshop CS5 中新增了"调整边缘"命令，即选择图像中细微元素的功能，例如选择人物的发丝或动物的毛发等，如图 14-2 所示。

图 14-2 精确抠图

## 操控变形

　　操控变形能够将僵硬的图像添加变形网格，结合控制图钉对网格内的图像进行变形。执行菜单"编辑 > 操控变形"命令，即可对图像添加变形网格，添加变换图钉后，拖动图钉位置即可对其进行变形，如图 14-3 所示。

图 14-3 操控变形

# 14.4 界面

在 CS5 版本中，将常用工作区按不同的名称排放在"标题栏"中，如图 14-4 所示。

图 14-4 工作区名称

# 14.5 "mini bridge" 面板

在 Photoshop CS5 中为了更加方便大家对文件进行管理，新增加了"mini bridge"面板，在其中可以完成 Adobe bridge 的大部分功能，如图 14-5 所示。

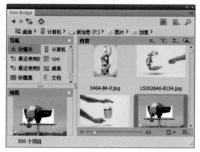

图 14-5 mini bridge 面板

# 14.6 选择性粘贴

使用"选择性粘贴"命令，能够对拷贝的图像执行原位置粘贴、贴入和外部粘贴等命令进行复制。

- 原位粘贴：使用该命令，可以将拷贝的图像按照图像原来所在的位置进行粘贴，即使存在选区，仍能按原位置粘贴。
- 贴入：使用此命令，可以将拷贝的图像显示在选区内，选区以外的图像会自动出现蒙版，如图 14-6 所示。

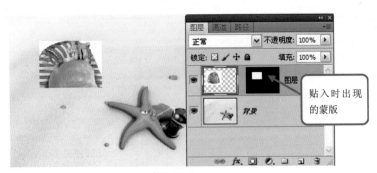

图 14-6 贴入

- 外部粘贴：使用此命令，可以将拷贝的图像显示在选区外，选区以内的图像会自动出现蒙版，此命令与"贴入"命令产生的蒙版正好相反，如图 14-7 所示。

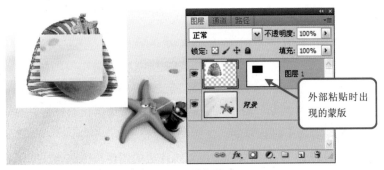

图 14-7 外部粘贴

## 污点修复画笔工具内容识别修复

使用（污点修复画笔工具）可以快速对图像中的污渍进行修复，在 Photoshop CS5 中将该工具有增强了新功能，在"属性栏"中的"内容识别"会使修整图像变得更加轻松有趣，如图 14-8 所示。

图 14-8 污点修复画笔工具

# HDR 色调

使用"HDR 色调"命令可以对图像的边缘光、色调和细节以及颜色进行细致的调整，执行菜单中"图像 > 调整 >HDR 色调"命令，即可打开"HDR 色调"对话框，如图 14-9 所示。

图 14-9 HDR 色调对话框

其中的各项含义如下（重复或大致相同的选项设置就不做介绍了）。

◉ 预设：在下拉菜单中可以选择系统预设的选项。

◉ 方法：在下拉菜单中可以调整图像的方位，其中包括：曝光度和
灰度系数、高光压缩、局部适应和色调均化直方图，选择不同的
方法对话框也会有所不同，如图14-10至图14-12所示。

图 14-10 选择"曝光度和灰度系数"　　图 14-11 选择"高光压缩"

图 14-12 选择"色调均化直方图"

◉ 边缘光：用来设置照片的发光效果的大小和对比度。

　● 半径：用来设置发光效果的大小。

　● 强度：用来设置发光效果的对比度。

◉ 色调和细节：用来设置照片光影部分的调整。

　● 细节：用来设置查找图像细节。

　● 阴影：调整阴影部分的明暗度。

　● 高光：调整高光部分的明暗度。

◉ 颜色：用来设置照片的色彩调整。

　● 自然饱和度：可以将图像进行灰色调到饱和色调的调整，用于
　　提升饱和度不够的图片，或调整出非常优雅的灰色调，取值范
　　围是 -100 ～ 100 之间，数值越大色彩越浓烈。

　● 饱和度：用来设置图像色彩的浓度。

- 色调曲线和直方图：用曲线直方图的方式对图像进行色彩与亮度的调整。

执行 "HDR 色调" 命令，并进行相应调整后，对比效果如图 14-13 所示。

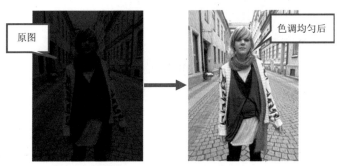

原图

色调均匀后

图 14-13 应用 "HDR 色调" 命令后的对比效果

# 14.9 镜头校正

使用 "镜头校正" 滤镜命令可以校正摄影时产生的镜头缺陷，例如桶形失真、枕形失真、晕影以及色差等。执行菜单中的 "滤镜 > 镜头校正" 命令，即可打开如图 14-14 和图14-15 所示的 "镜头校正" 对话框。

工具
部分

预览
部分

其他
部分

设置
部分

变换
部分

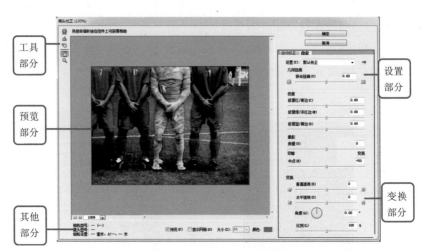

图 14-14　自定调整状态下的镜头校正

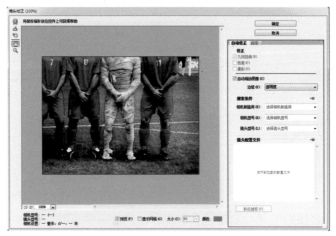

图 14-15　自动校正状态下的镜头校正

其中的各项含义如下（重复或大致相同的选项设置就不做介绍了）。

## 工具部分：

- ◎　移去扭曲工具：使用该工具可以校正镜头枕形或桶形失真，从中心向外拖动鼠标会将图像向外凸起，从边缘向中心拖动鼠标会将图像向内收缩，如图 14-16 所示。

图 14-16 凸起与凹陷

-  拉直工具：使用该工具在图像中绘制一条直线，可以将图像重新拉直到横轴或纵轴，如图 14-17 所示。

图 14-17 按纵轴调整角度

- 移动网格工具：使用该工具在图像中拖动可以移动网格，使其重新对齐。

- 缩放工具：用来缩放预览区的视图，在预览区内单击会将图像放大，按住【Alt】键单击鼠标会将图像缩小。

- 抓手工具：当图像放大到超出预览框时，使用 （抓手工具）可以移动图像察看局部。

## 设置部分：

- 设置：用来选择一个预设的控件设置。

- 移去扭曲：通过输入数值或拖动控制滑块，对图像进行校正处理。输入负值或向左拖动控制滑块可以修复枕形失真；输入正值或向右拖动控制滑块可以修复桶形失真。

◉ 色差：用来校正图像的色差。

- 修复红 / 青边：通过输入数值或拖动控制滑块，来调整图像内围绕边缘细节的红边和青边。
- 修复蓝 / 黄边：通过输入数值或拖动控制滑块，来调整图像内围绕边缘细节的蓝边和黄边。

◉ 晕影：用来校正由于镜头缺陷或镜头遮光处理不正确而导致的图像边缘较暗现象。

- 数量：调整围绕图像边缘的晕影量。
- 中点：选择晕影中点，来影响晕影校正的外延。

◉ 设置镜头默认值：如果图像中包含"相机"、"镜头"、"焦距"等信息，单击该按钮，可以将其设置为默认值。

**变换部分：**

◉ 垂直透视：用来校正图像的顶端或底端的垂直透视。

◉ 水平透视：用来校正图像的左侧或右侧的水平透视。

◉ 角度：用来校正图像旋转角度，与 ▱ （拉直工具）类似。

◉ 比例：用来调整图像大小，但不影响文件大小。

**其他部分：**

◉ 预览：勾选该复选框后，可以在原图中看到校正结果。

◉ 显示网格：勾选该复选框后，可以在预览工作区为图像显示网格以便对齐。

◉ 大小：控制显示网格的大小。

◉ 颜色：控制显示网格的颜色。

**预览部分：**

用来显示当前校正图像并可以进行调整。

**自动校正：**

按照不同的相机快速调整并校正扭曲。

◉ 自动缩放图像：勾选该复选框后图像会自动填满当前图像的画布。

◉ 边缘：选择对校正图像边缘的填充方式。

- 透明度：以透明像素填充。
- 边缘扩展：以图像边缘的像素进行扩展填充。
- 黑色：使用黑色填充校正边缘。
- 白色：使用白色填充校正边缘。

◉ 搜索条件：选取相机的制造商、型号、镜头型号。

◉ 镜头配置文件：当前选取镜头对应的校正参数。

# 增强的拾色器功能

在 Photoshop CS5 中新增了快速选取颜色功能，选择颜色时按【Shift+Alt】快捷键可以弹出快速选取颜色功能，如图 14-18 所示。

图 14-18 快速选取颜色

## 增强的"画笔"笔触

在 Photoshop CS5 中为使画笔的使用更加方便，在"画笔"调板和"画笔拾色器"中新增了一些硬毛刷画笔笔触，在使用画笔时可以看到预览时的画笔笔触效果，如果计算机连接数位板，会使画笔功能更加具有利用价值。如图 14-19 所示。

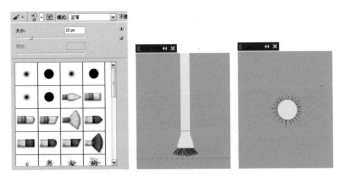

图 14-19 画笔笔触

## 拉直功能

在 Photoshop CS5 中能够将倾斜的图像快速转换成水平效果并对其进行自动裁剪，效果如图 14-20 所示。

图 14-20 拉直功能

# 《Photoshop 学习掌中宝教程》读者交流区

尊敬的读者:

感谢您选择我们出版的图书,您的支持与信任是我们持续上升的动力。为了使您能通过本书更透彻地了解相关领域,更深入的学习相关技术,我们将特别为您提供一系列后续的服务,包括:

1. 提供本书的修订和升级内容、相关配套资料;
2. 本书作者的见面会信息或网络视频的沟通活动;
3. 相关领域的培训优惠等。

您可以任意选择以下四种方式之一与我们联系,我们都将记录和保存您的信息,并给您提供不定期的信息反馈。

**1. 在线提交**

登录www.broadview.com.cn/15448,填写本书的读者调查表。

**2. 电子邮件**

您可以发邮件至jsj@phei.com.cn或editor@broadview.com.cn。

**3. 读者电话**

您可以直接拨打我们的读者服务电话:010-88254369。

**4. 信件**

您可以写信至如下地址:北京万寿路173信箱博文视点,邮编:100036。

您还可以告诉我们更多有关您个人的情况,及您对本书的意见、评论等,内容可以包括:

(1)您的姓名、职业、您关注的领域、您的电话、E-mail地址或通信地址;

(2)您了解新书信息的途径、影响您购买图书的因素;

(3)您对本书的意见、您读过的同领域的图书、您还希望增加的图书、您希望参加的培训等。

如果您在后期想停止接收后续资讯,只需编写邮件"退订+需退订的邮箱地址"发送至邮箱:market@broadview.com.cn 即可取消服务。

同时,我们非常欢迎您为本书撰写书评,将您的切身感受变成文字与广大书友共享。我们将挑选特别优秀的作品转载在我们的网站(**www.Broadview.com.cn**)上,或推荐至CSDN.NET等专业网站上发表,被发表的书评的作者将获得价值50元的博文视点图书奖励。

更多信息,请关注博文视点官方微博:**http://t.sina.com.cn/broadviewbj**。

**我们期待您的消息!**
**博文视点愿与所有爱书的人一起,共同学习,共同进步!**

通信地址:北京万寿路 173 信箱　博文视点(100036)　　电话:010-51260888

E-mail:jsj@phei.com.cn,editor@broadview.com.cn

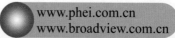

www.phei.com.cn
www.broadview.com.cn

# 反侵权盗版声明

电子工业出版社依法对本作品享有专有出版权。任何未经权利人书面许可，复制、销售或通过信息网络传播本作品的行为；歪曲、篡改、剽窃本作品的行为，均违反《中华人民共和国著作权法》，其行为人应承担相应的民事责任和行政责任，构成犯罪的，将被依法追究刑事责任。

为了维护市场秩序，保护权利人的合法权益，我社将依法查处和打击侵权盗版的单位和个人。欢迎社会各界人士积极举报侵权盗版行为，本社将奖励举报有功人员，并保证举报人的信息不被泄露。

举报电话：（010）88254396；（010）88258888

传　　真：（010）88254397

E-mail：　dbqq@phei.com.cn

通信地址：北京市万寿路 173 信箱

　　　　　电子工业出版社总编办公室

邮　　编：100036